W0268267

H.B.Strack

Übungs-Fragen Biologie

Mit Beiträgen von G. Czihak, C. Hauenschild
W. Haupt, O. L. Lange, H. F. Linskens, W. Nachtigall
P. Sitte, H. Ziegler

Zweite, verbesserte und erweiterte Auflage

Springer-Verlag
Berlin Heidelberg New York 1982

Professor Dr. Hans Bernd Strack
Institut für Allgemeine Biologie, Biochemie und Biophysik
der Universität, Abt. Biochemie
Erzabt-Klotz-Straße 11

A-5020 Salzburg

ISBN-13: 978-3-540-11692-9   e-ISBN-13: 978-3-642-68679-5
DOI: 10.1007/978-3-642-68679-5

CIP-Kurztitelaufnahme der Deutschen Bibliothek
Strack, Hans B.:
Übungs-Fragen Biologie / H. B. Strack. Mit Beitr.
von G. Czihak ... – 2., verb. u. erw. Aufl. –
Berlin; Heidelberg; New York: Springer, 1982

Das Werk ist urheberrechtlich geschützt. Die dadurch begründeten Rechte, insbesondere
die der Übersetzung, des Nachdruckes, der Entnahme von Abbildungen, der Funksendung, der Wiedergabe auf photomechanischem oder ähnlichem Wege und der Speicherung
in Datenverarbeitungsanlagen bleiben, auch bei nur auszugsweiser Verwertung, vorbehalten. Die Vergütungsansprüche des § 54, Abs. 2 UrhG werden durch die ‚Verwertungsgesellschaft Wort', München, wahrgenommen.

© by Springer-Verlag Berlin Heidelberg 1977 and 1982

Die Wiedergabe von Gebrauchsnamen, Handelsnamen, Warenbezeichnungen usw. in diesem Werk berechtigen auch ohne besondere Kennzeichnung nicht zu der Annahme, daß
solche Namen im Sinne der Warenzeichen- und Markenschutz-Gesetzgebung als frei zu
betrachten wären und daher von jedermann benutzt werden dürfen.

Druck- und Bindearbeiten: fotokop wilhelm weihert KG, Darmstadt.
2131/3130–543210

Vorwort zur zweiten Auflage

Das vorliegende Buch wurde insbesondere unter dem
Gesichtspunkt überarbeitet, daß es weiterhin als Begleittext zu dem Lehrbuch "Biologie" geeignet bleiben
sollte. Entsprechend der Erweiterung des Inhaltes des
Lehrbuches wurden zusätzliche Fragen aufgenommen und
die bisherigen daraufhin überprüft, ob sie mit dem neu
gefaßten Text des Lehrbuches in Einklang stehen und
nach seiner Lektüre beantwortet werden können.

Die erste Auflage hat eine überwiegend günstige Aufnahme gefunden. Insbesondere sei Benützern gedankt, die
auf einzelne Irrtümer aufmerksam gemacht und Anregungen
oder Kritik beigetragen haben. Soweit mit der Anlage
des Büchleins als multiple-choice-test vereinbar, wurden diese berücksichtigt.

Salzburg, März 1982   Hans B. STRACK

Vorwort zur ersten Auflage

Die Abfassung der hiermit vorgelegten "Übungs-Fragen
Biologie" geht zurück auf eine Anregung von G. CZIHAK
und des Springer-Verlages, eine Fragensammlung heraus-
zugeben, die außer für die Examensvorbereitung von Studenten der Biologie speziell als Übungsbuch zu dem im
Springer-Verlag erschienenen Lehrbuch "Biologie", Hgb.
G.Czihak, H.Langer und H.Ziegler, von Nutzen sein sollte. In einigen Fällen war es möglich, Autoren des Lehrbuches auch für Beiträge zu den Examensfragen zu gewinnen. Die Einteilung der Examensfragen in Kapitel entspricht der des Lehrbuches, auch innerhalb der Kapitel
ist weitgehend die Stoffanordnung beibehalten. Die Fragen sollen aufgrund der in den entsprechenden Abschnitten des Lehrbuches explizit gegebenen Information zu
beantworten sein, jedenfalls hinsichtlich zutreffender
Behauptungen im Rahmen der multiple-choice-tests; ge-
legentlich verlangen sie auch Schlußfolgerungen aufgrund implizit gegebener Informationen und eines biologischen Grundwissens, wie es z.B. nach der Lektüre
des Lehrbuches vorausgesetzt werden darf.

Als Folge der engen Anlehnung an den Text des Lehrbuches ergibt sich in einzelnen Fällen die Wiederaufnah-
me in früheren Kapiteln bereits behandelter Gegenstände
in geändertem Zusammenhang. Höhere Ansprüche mancher
Fragen an Spezialwissen werden dadurch gerechtfertigt,
daß diese Fragen sich mit im Lehrbuch dargestellten
Beispielen befassen.

Im Interesse der Einheitlichkeit und insbesondere einer
eindeutigen Selbstkontrolle aus dem Antwortteil wurde
durchwegs die Darstellung als Ja-Nein-Fragen und multiple-choice-tests gewählt, letztere in 3 Varianten:
1. Fragen nach zutreffenden Antwortmöglichkeiten (im
   Antwortteil z.B. +: a,c,d, im Falle des Nichtzutref-
   fens aller gegebenen Antwortmöglichkeiten: -);
2. Fragen nach zutreffenden Kombinationen bzw. Gegen-
   überstellungen (im Antwortteil z.B.: a-g;b-f;c-h.);
3. Fragen bezüglich der Anordnung der angebotenen Ob-
   jekte bzw. Alternativen nach einem in der Frage angegebenen Kriterium (im Antwortteil z.B.:b-c-d-a-e);
4. Ausnahmen von diesem Schema werden nur bei einzelnen
   Fragen gemacht, deren Beantwortung in der Angabe
   einer Zahl liegt.

Salzburg, Dezember 1976   Hans B. STRACK

Inhaltsverzeichnis

1. Cytologie

1.1 <u>Syncytien unterscheiden sich von Plasmodien</u>
   a) durch den Besitz starrer Zellwände,
   b) durch den Besitz von Riesenchromosomen,
   c) aufgrund ihrer Entstehung durch Zellverschmel-
      zung,
   d) weil nur Syncytien, nicht aber Plasmodien als
      ganze Organismen vorkommen können.

1.2 <u>Welche Eigenschaften charakterisieren eine Zelle
    polyploid (I) oder poly-energid (II)?</u>
   a) mehrere haploide Kerne,
   b) mehrere diploide Kerne,
   c) ein haploider Kern,
   d) ein diploider Kern,
   e) polytäne Chromosomen,
   f) freie Zellbildung,
   g) DNA-Menge pro Zellkern größer 2 C, aber nicht
      größer 4 C,
   h) DNA-Menge pro Zellkern größer 4 C,
   i) Unfähigkeit zu normaler Mitose.

1.3 <u>Welche Begriffe unter h–k umfassen welche Begriffe
unter a–g oder sind zu ihnen synonym?</u>

a) Vielzeller,

b) Einzeller,

c) tierische Einzeller,

d) Blaualge,

e) Bacterium,

f) wandlos gemachte Zelle,

g) lebender Zelleib;

h) Protist,

i) Protozoon,

j) Prokaryot,

k) Protoplast.

1.4 <u>DNA kommt in der Zelle vor in:</u>

a) Plastiden,

b) Ribosomen,

c) Nucleolen,

d) Zellkern,

e) ER,

f) Grundplasma,

g) Mikrotubuli,

h) Proplastiden,

i) Microbodies.

1.5 <u>Welche der folgend aufgezählten Begriffe spielen
im Zusammenhang mit Geißeln und Cilien eine Rolle?</u>

a) Mikrotubuli,

b) Kinetosomen,

c) Plasmalemma,

d) Ribosomen,

e) ATP,

f) Dynein,

g) Colchicin,

h) Myosin,

i) Chromoplasten,

j) Tubulin,

k) Flimmerhärchen.

1.6 <u>Doppelmembranen</u>
   a) sind identisch mit Elementarmembranen,
   b) erscheinen im Querschnitt dunkel-hell-dunkel,
   c) ergeben sich durch parallel angeordnete Elementarmembranen,
   d) treten bei den Zisternen des ER auf,
   e) treten im Erythrocyten auf,
   f) sind allgemein zur Begrenzung von Zellen erforderlich.

1.7 <u>Wodurch ist die Kernmembran dem ER zugeordnet?</u>
   a) Durch Besatz beider mit Atmungsenzymen,
   b) durch Besatz beider mit Ribosomen,
   c) durch direkten Strukturzusammenhang beider,
   d) durch das Vorkommen derselben Poren mit achtfacher Symmetrie auf beiden,
   e) durch das Fehlen von Cholesterin in beiden.

1.8 <u>Die in Lysosomen gespeicherten Enzyme werden zusammenfassend als "saure Hydrolasen" bezeichnet. Warum "sauer"?</u>
   a) Weil sie bei der Hydrolyse Säure im Überschuß produzieren,
   b) ihr pH-Optimum im sauren Bereich liegt,
   c) sie bei der Hydrolyse Säure verbrauchen,
   d) sie nur solche Bindungen hydrolysieren können, die einer sauren Gruppe im Substrat benachbart sind.

1.9 <u>Primäre Zellwände unterscheiden sich von sekundären durch</u>
   a) geringeren Zellulosegehalt,
   b) Befähigung zu Flächenwachstum,
   c) größere Dicke,
   d) Besitz von Plasmodesmen,
   e) Besitz von Tüpfeln,
   f) Befähigung zur Verholzung,
   g) größere Durchlässigkeit für gelöste Stoffe,
   h) frühere Entwicklung.

1.10 <u>Was kann als morphologischer Ausdruck der Inakti-
vierung von Chromosomenabschnitten gelten?</u>

a) Verdichtung, sog. "Kondensation",

b) Entstehung von Puffs,

c) Bildung eines Nucleolus,

d) Auftreten einer Translokation.

1.11 <u>Gibt es in tierischen Zellen</u>

a) Desmosomen,

b) Thylakoide,

c) Zentralvakuolen,

d) Zentriolen,

e) Lysosomen,

f) Peroxisomen,

g) Mikrotubuli,

h) Mesosomen.

1.12 <u>Bürstensaum: Zu welchen der folgenden Begriffe
bestehen Beziehungen?</u>

a) Resorption,

b) Exkretion,

c) Zelloberfläche,

d) Zentriol,

e) Mikrotubuli,

f) Lysosomen,

g) DNA,

h) Chromosomen.

1.13 <u>Welches ist der übergeordnete Begriff?</u>

a) GOLGI-Apparat,

b) Dictyosom.

1.14 <u>Warum wird Plasmolyse an Pflanzen- und nicht an
Tierzellen demonstriert?</u>

a) Weil es dabei auf das Ablösen des Plasmas von
einer Zellwand ankommt,

b) weil pflanzliches und tierisches Plasma von
vorneherein einen gänzlich verschiedenen chemischen Aufbau aufweisen,

c) weil osmotische Phänomene nur bei Pflanzenzellen auftreten,

    d) weil tierische Zellen Vakuolen ausbilden,

    e) weil das Vorhandensein von Chloroplasten den Effekt wesentlich verstärkt.

1.15 Welche der folgend genannten Zellkomponenten entstehen ausschließlich sui generis?

    a) Chromosomen,

    b) Mitochondrien,

    c) Dictyosomen,

    d) Mikrotubuli,

    e) Desmosomen,

    f) Plastiden,

    g) Pyrenoide,

    h) Stärkekörner.

1.16 Welche der folgend genannten Kompartimente bzw. Membranen können als Doppelmembranen gelten?

    a) Plasmamembran,

    b) Kernhülle,

    c) Tonoplast,

    d) Thylakoide,

    e) ER-Zisternen,

    f) Mikrovilli,

    g) Mitochondrien-Cristae,

    h) Lysosomenmembranen.

1.17 Die unbegrenzte Aufnahme von Wasser würde Süßwasser-Protisten platzen lassen. Welche Kombinationen tatsächlich auftretender Eigenschaften genügen, um jeweils für eine bestimmte Art ein solches Hemmnis des Überlebens zu beseitigen?

    a) Besitz einer Zellwand,

    b) Besitz einer wasserundurchlässigen Membran,

    c) Besitz eines Cytoplasmas mit dem osmotischen Druck des Süßwassers,

    d) Besitz einer kontraktilen Vakuole.

1.18 <u>Welche Struktur- oder Funktionsmerkmale von Eucyten weisen darauf hin, daß die Eukaryoten monophyletisch entstanden sind?</u>

    a) Ihr Cilienbau (9+2-Muster),

    b) der Besatz von DNA mit Histonen,

    c) das allgemeine Vorkommen von Mikrotubuli,

    d) das allgemeine Vorkommen von Antigenen auf der Zelloberfläche,

    e) echte Sexualität,

    f) das Vorkommen von ER.

1.19 <u>Bei welchen Eigenschaften besteht zwischen Nucleoiden und echten Zellkernen Übereinstimmung? Sie</u>

    a) enthalten DNA,

    b) bilden Nucleolen,

    c) enthalten Chromatin,

    d) enthalten DNA-Polymerase,

    e) enthalten RNA-Polymerase,

    f) besitzen doppelte Membranhülle,

    g) teilen sich gewöhnlich durch Mitose,

    h) besitzen Kernporen.

1.20 <u>Mit Lysozym kann verdaut werden:</u>

    a) Protein,

    b) Fett,

    c) DNA,

    d) Phagen-Partikel,

    e) Murein,

    f) Plasmamembran von Bakterien,

    g) Chlorophyll.

1.21 <u>Welche der nachstehenden Behauptungen treffen zu und aus welcher zutreffenden Kombination ergibt sich die hervorragende medizinische Bedeutung des Penicillins als Antibiotikum?</u>

    a) Penicillin stört die Biosynthese der Nucleinsäure,

    b) Penicillin stört die Biosynthese des Mureins,

    c) Murein ist ein wesentlicher Zellbestandteil von Bakterien,

    d) Murein fehlt in eukaryotischen Zellen,

    e) Penicillin wird von eukaryotischen Zellen so-
       fort abgebaut,

    f) Penicillin wirkt gleich gut gegen Bakterien
       jeglichen Wachstumzustandes.

1.22 In Protocyten kommen vor

    a) Zentriolen,

    b) Murein,

    c) Mikrotubuli,

    d) Mesosomen,

    e) Uricosomen,

    f) Glykogen,

    g) Gasvakuolen,

    h) Zentralvakuolen,

    i) tRNA,

    j) Ribosomen,

    k) Enzyme der N_2-Assimilation,

    l) Histone.

1.23 Vertreter welcher Organismengruppen vermögen
     Luftstickstoff zu assimilieren?

    a) farblose Bakterien,

    b) Pilze,

    c) Fische,

    d) Insekten,

    e) Blaualgen=Cyanobakterien,

    f) Grünalgen,

    g) Amöben,

    h) Bandwürmer,

    i) Flechten.

1.24 Die Moleküle von Glykogen, Stärke und Zellulose
     stimmen überein:

    a) In ihrer Eigenschaft als Polysaccharide,

    b) in ihrem Verzweigungsgrad,

    c) in ihrer Monomeren-Verknüpfung,

    d) in ihrer Stabilität,

    e) als homopolymere Glykane,

    f) in ihrer übermolekularen Struktur.

1.25 <u>Heteropolymere sind:</u>

    a) DNA,

    b) Myosin,

    c) Zellulose,

    d) Lysozym,

    e) Amylose,

    f) Chitin,

    g) Histon,

    h) rRNA.

1.26 <u>Das α-C-Atom einer α-Aminosäure wird so orientiert gedacht, daß der Rest nach hinten oben, die Aminogruppe nach hinten unten weist. Dann weist</u>

    a) bei einer L-Aminosäure die Carboxylgruppe nach links vorne,

    b) bei einer D-Aminosäure das H-Atom nach rechts vorne,

    c) bei einer L-Aminosäure die Carboxylgruppe nach vorne oben,

    d) bei einer D-Aminosäure das H-Atom nach vorne unten,

    e) bei einer L-Aminosäure das H-Atom nach rechts vorne.

1.27 <u>Welche der folgenden Aminosäuren sind "basisch"?</u>

    a) Lysin,

    b) Glycin,

    c) Asparaginsäure,

    d) Asparagin,

    e) Arginin,

    f) Cystein.

1.28 <u>Fast alle Proteine sind schwefelhaltig. Welche der folgenden Aminosäuren enthalten S?</u>

    a) Glycin,

    b) Cystein,

    c) Histidin,

    d) Asparagin,

    e) Alanin,

    f) Methionin,

    g) Tyrosin.

1.29 <u>Welche Elemente sind Bestandteil der 20 Protein-
Aminosäuren und damit in Proteinen stets oder
häufig zu finden?</u>

    a) H,

    b) Cl,

    c) S,

    d) P,

    e) C,

    f) N,

    g) Fe,

    h) O.

1.30 <u>Welche Arten chemischer Bindung spielen – außer
den schon die Primärstruktur festlegenden Peptid-
bindungen – bei der Kettenkonformation von Proteinen eine Rolle?</u>

    a) Disulfidbrücken,

    b) H-Brücken,

    c) glykosidische Bindungen,

    d) Esterbindungen,

    e) Ionenbindungen,

    f) hydrophobe Wechselwirkungen.

1.31 <u>Die α-Helix tritt auf bei:</u>

    a) DNA,

    b) RNA,

    c) Stärke,

    d) Proteinen,

    e) Fettsäuren,

    f) Phospholipiden.

1.32 <u>Ordne soweit wie möglich die Feststellungen (e-i)
     unter die Begriffe (a-d) ein:</u>

   a) Sekundärstruktur,

   b) Tertiärstruktur,

   c) Kettenkonformation,

   d) Quartärstruktur;

   e) Hämoglobin besteht aus zwei α- und zwei ß-Ketten, die ohne kovalente Bindung in bestimmter
      räumlicher Weise zusammengesetzt sind.

   f) Die einzelnen Polypeptidketten des Hämoglobins
      bestehen aus 6 α-Helix-Bereichen, die durch
      kurze Übergänge verbunden sind und eine Tasche
      für das Häm bilden.

   g) Seide hat einen hohen Prozentgehalt an Glycin
      und Serin, einen geringen an aromatischen
      Aminosäuren.

   h) In Cytochrom C liegen fast alle hydrophoben
      Aminosäuren innerhalb des Moleküls, mit bemerkenswerter Ausnahme des Phenylalaninrestes
      Nr. 82.

   i) Das Keratin der Wolle weist einen hohen Gehalt
      an α-Helix auf.

1.33 <u>Die Substratspezifität von Enzymen beruht</u>

   a) auf ihrem α-Helix-Gehalt,

   b) auf prosthetischen Gruppen,

   c) auf der Gesamtheit oder einem Großteil ihrer
      räumlichen Struktur,

   d) auf jeweils 5 aufeinanderfolgenden Aminosäuren,
      die das aktive Zentrum bilden,

   e) auf dem Mengenverhältnis, in dem die einzelnen Aminosäuren darin vorkommen,

   f) auf ihren Endgruppen.

1.34 <u>Das mittlere Molekulargewicht von Aminosäuren ist
     112, ein Nucleotidpaar der DNA-Doppelhelix wiegt
     etwa 660. Wie ist das Massenverhältnis von DNA
     und dem von ihr codierten Protein?</u>

1.35 <u>Welche der folgenden Quartärstrukturen sind nicht
     limitiert?</u>

   a) Keratin,

   b) Nucleosom,

   c) Mikrotubuli,

   d) Mikrovilli,

e) Hämoglobin,

f) Viruscapside,

g) mRNA,

h) Zellulose,

i) Multienzymkomplexe.

1.36 Welche der folgenden Eigenschaften kommen im Vergleich DNA – RNA nur der DNA oder nur der RNA zu?

a) Uracilgehalt,

b) Guaningehalt,

c) hohes Molekulargewicht,

d) Doppelsträngigkeit,

e) Gehalt an Desoxyribose,

f) Komplexierung mit Protein,

g) Komplexierung mit Histon,

h) Turnover.

1.37 Welche der folgenden Elemente sind in Nucleotiden stets enthalten?

a) H,

b) O,

c) S,

d) N,

e) C,

f) P,

g) Br.

1.38 Für die jeweilige Struktur verschiedener Arten RNA (tRNA, rRNA) ist wesentlich, daß Basenpaarung

a) grundsätzlich nicht auftreten kann,

b) nur abschnittsweise in definierten Bereichen auftritt,

c) zu weniger als 30% der Basen auftritt,

d) zufallsmäßig auftritt.

1.39 <u>Wo findet sich ringförmige (I), wo lineare DNA (II)?</u>

    a) Phage ϕX 174,

    b) Mitochondrien,

    c) Plastiden,

    d) Chromatin,

    e) Bakterien,

    f) Ribosomen.

1.40 <u>Auf welchen methodischen Voraussetzungen beruht das Sequenzieren von DNA?</u>

    a) spezifische Exonucleasen,

    b) spezifische Endonucleasen,

    c) Bestimmung von T_m,

    d) spezifischer Nachweis bestimmter Basen,

    e) Isolierung ganzer Chromosomen,

    f) Vorliegen einheitlicher DNA-Proben,

    g) UV-Absorption durch DNA,

    h) Trennmethoden für DNA-Fragmente,

    i) Methylierung von Adenin.

1.41 <u>Histone sind zu Komplexbildungen mit DNA befähigt</u>

    a) aufgrund ihres basischen Charakters,

    b) vermittels hydrophober Seitenketten,

    c) aufgrund ihrer poitiven Ladung,

    d) aufgrund ihrer gesamten räumlichen Struktur,

    e) weil sie gleichzeitig mit der DNA synthetisiert werden.

1.42 <u>In welchen von den folgenden Kompartimenten kommen Ribosomen vor, die durch Chloramphenicol gehemmt werden?</u>

    a) Zellkern,

    b) ER,

    c) Grundplasma,

    d) Mitochondrien,

    e) Dictyosomen,

    f) Vakuolen,

    g) Chloroplasten.

1.43 Was ist unter "Processing" zu verstehen (a-g),
      bei welchen Biomolekülen kommt es vor (h-p)?
      a) Gen-Vermehrung,
      b) histologische Präparation,
      c) Verarbeitung von Präkursoren,
      d) Aktivierung,
      e) Vergrößerung,
      f) Glycosylierung,
      g) Sekretion;
      h) Phospholipide,
      i) Glycolipide,
      k) mRNA,
      l) rRNA,
      m) ncDNA,
      n) Sekretproteine,
      o) Amylose,
      p) integrale Membranproteine.

1.44 In welchen der folgenden Eigenschaften unter-
      scheiden sich allgemein Bakterien von Viren?
      a) Besitz von Geißeln,
      b) ATP-Synthese,
      c) Besitz von Ribosomen,
      d) Murein,
      e) Gestalt,
      f) Proteinvielfalt,
      g) DNA-Gehalt.

1.45 Phagen enthalten Lysozym. Gilt das auch für hu-
      manpathogene Viren?

1.46 Ordne folgende Makromoleküle nach ihrer Quellbar-
      keit in Wasser:
      a) Chondroitinsulfat,
      b) Zellulose,
      c) Amylose,
      d) Pektin.

1.47 <u>Durch welche der folgenden Valenzen werden Zellu-
losemoleküle in Zellulosefibrillen vor allem zu-
sammengehalten?</u>

a) H-Brücken,

b) Disulfidbrücken,

c) glykosidische Bindungen,

d) Peptidbrücken,

e) Ionenbindungen,

f) hydrophobe Wechselwirkungen.

1.48 <u>Anschließend sind unter a-e Kompartimente von
Eucyten, unter f-p jeweils für sie typische bio-
chemische Komponenten und unter q-t für sie typische Funktionen aufgeführt. Was gehört zusammen?</u>

a) Kern,

b) Chloroplasten,

c) Grundplasma,

d) Mitochondrien,

e) Dictyosomen;

f) Dehydrogenasen des Citratzyklus,

g) Histone,

h) RNA-Polymerase,

i) Chlorophyll,

j) Enzyme der Glykolyse,

k) Cytochrom C-Oxidase,

l) Enzyme des Calvin-Zyklus,

m) Enzyme der Atmungskette,

n) DNA,

o) Galaktosyltransferase,

p) Fettsäure-Synthetase;

q) Synthese der RNA,

r) Photophosphorylierung,

s) oxidative Phosphorylierung,

t) Synthese von Exportpolysacchariden.

1.49 <u>Bei welchen der folgend aufgezählten Transport-
vorgänge ist Membranfluß involviert?</u>

a) Wassertransport,

b) Ca^{++}-Transport,

c) Chromosomentransport (Mitose),

d) Bildung von Verdauungsvacuolen,

e) Sekretion von Zellwandmaterial,

f) ATP-Abgabe durch Mitochondrien,

g) Entleerung pulsierender Vacuolen.

1.50   Ordne folgende Moleküle bzw. Ionen nach ihrer Hydrophilie (abnehmend):

a) H_2O,

b) K^+,

c) CH_4,

d) Methanol,

e) Äthanol,

f) Glycerin,

g) Benzol,

h) Ca^{++},

i) Essigsäure.

1.51   Es gibt Antibiotika (z.B. Filipin), die mit Cholesterin röhrenförmige Komplexe bilden und dadurch solche Membranen zerstören, die das Steroid enthalten. Welche der folgenden Membranen würde durch Filipin zerstört?

a) Kernhülle,

b) Eucyten-Plasmamembran,

c) GOLGI-Membranen,

d) äußere Mitochondrienmembran,

e) innere Mitochondrienmembran,

f) Protocyten-Plasmamembran.

1.52   Welche der folgenden Stoffe können als amphipolar gelten?

a) Fettsäuren,

b) Glycerin,

c) Phospholipide,

d) Wasser,

e) Seife,

f) tRNA,

g) Äthanol.

1.53 Welche der folgenden Stoffklassen sind wesentlich
am Aufbau von Biomembranen beteiligt?

a) Nucleotide,

b) Proteine,

c) Polysaccharide,

d) Oligosaccharide,

e) Myosin,

f) Capside,

g) Phospholipide,

h) Fette,

i) Ribosomen,

j) Kollagen,

k) Zellulose.

1.54 Welche stoffliche Komponente von Biomembranen ist
für den aktiven Transport besonders wichtig?

a) Cholesterin,

b) Membranproteine,

c) Glykolipide.

1.55 Wie können integrale (I) bzw. periphere (II) Membranproteine aus einer Membran-Fraktion isoliert
werden?

a) Katalyse,

b) Hydrolyse,

c) Schmelzen,

d) Detergenzien,

e) hoher Ionengehalt,

f) Harnstoff-Lösung,

g) Ansäuern,

h) UV-Bestrahlung,

i) Ultrazentrifuge,

j) limitierte Proteolyse,

k) Gefrierätzung.

1.56 Auf ein Proteinmolekül im Inneren von Zellen ent-
fallen Molekülzahlen von

a) Wasser,

b) Lipiden,

c) DNA,

d) RNA,

e) Polysacchariden,

f) kleinen organischen Molekülen,

g) anorganischen Molekülen

<u>von</u>

h) weit weniger als 1,

i) 4 - 6,

j) 8 - 9,

k) 10 - 20,

l) 40 - 60,

m) 70 - 100,

n) $1,8 - 2,6 \times 10^3$,

o) $1,1 - 1,7 \times 10^4$.

1.57 <u>Wasser ist gekennzeichnet durch</u>

a) eine hohe Dielektrizitätskonstante,

b) eine hohe spezifische Wärme,

c) eine hohe Verdunstungswärme,

d) geringe Unterkühlbarkeit,

e) eine hohe Oberflächenspannung.

1.58 <u>Besteht für Lösungen gleicher molarer Konzentra-</u>
<u>tion osmotische Äquivalenz?</u>

1.59 <u>In erster Linie ist der potentielle osmotische</u>
<u>Druck einer Lösung bestimmt durch</u>

a) das Molekulargewicht,

b) die Gesamtzahl,

c) die Nettoladung,

d) die Polarität

<u>der gelösten Teilchen.</u>

1.60 <u>In welcher Reihenfolge tragen in einer typischen</u>
<u>Zelle</u>

a) Protein,

b) RNA,

c) kleine organische Moleküle,

d) anorganische Moleküle

<u>zum potentiellen osmotischen Druck des Inneren</u>
<u>bei (größere Beiträge zuerst)?</u>

1.61 <u>Ordne die folgenden funktionellen Gruppen nach
absteigender Polarität:</u>

a) $-COOH$,

b) $-SH$,

c) $=NH$,

d) $-CONH_2$,

e) $-OH$,

f) $-CHO$,

g) $-NH_2$,

h) $=CO$.

1.62 <u>Die Form des Zwitterions ist typisch für</u>

a) Zucker,

b) Purine,

c) Aminosäuren,

d) Lipide.

1.63 <u>Die Hydratation von Kationen</u>

a) steigt mit deren Wertigkeit,

b) steigt mit ihrem Durchmesser,

c) ist ohne Einfluß auf ihre Beweglichkeit,

d) beeinflußt die Löslichkeit anderer Moleküle.

1.64 <u>Ist die Verteilung der Kationen bei verschiedenen
Tiergruppen stärker verschieden als die der
Anionen?</u>

1.65 <u>Sind Pflanzen in der Ionenzusammensetzung mehr
von der Umwelt abhängig als Tiere?</u>

1.66 <u>Störungen in der Anionen-Kationen-Bilanz aufgrund
von reduktiver Assimilation von NO_3^- und SO_4^{2-} werden von Pflanzenzellen ausgeglichen</u>

a) durch Aufnahme von Chlorid,

b) durch Ausschleusen von Kationen,

c) durch Einschleusen von Kationen,

d) durch Synthese organischer Säuren,

e) durch Abbau organischer Säuren.

1.67 <u>Schwermetallionen</u>

a) spielen in der osmotischen Bilanz der Zellen
eine wesentliche Rolle,

b) finden sich in der Zelle hauptsächlich an organische Moleküle komplexiert,

c) haben oft eine katalytische Funktion,

d) kommen nicht in allen Zellen vor.

1.68 <u>Welche der nachfolgend angegebenen Atombindungen sind polar?</u>

a) C – O,

b) C – C,

c) C – H,

d) C – N,

e) H – N,

f) H – O,

g) H – H.

1.69 <u>Wasserstoffbrückenbindungen treten auf</u>

a) immer, wenn ein kovalent gebundenes H-Atom einem N- oder O-Atom gegenübergestellt ist,

b) in flüssigem Wasser,

c) in Eis,

d) wenn Wasserstoffmoleküle in polare Umgebungen kommen,

e) immer, wenn ein H-Atom an O oder N kovalent gebunden ist und einem stark polarisierbaren Atom gegenübergestellt ist,

f) wenn ein O- oder N-gebundenes H einem O oder N gegenübergestellt ist.

1.70 <u>Die Energie von Wasserstoffbrückenbindungen</u>

a) erreicht die Hälfte des Wertes der meisten kovalenten Bindungen,

b) übertrifft die thermischen Energien im physiologischen Bereich,

c) beträgt etwa 350 kJ/mol,

d) beträgt etwa 20 kJ/mol,

e) beträgt etwa 8 kJ/mol,

f) beträgt etwa 0,5 kJ/mol.

1.71 **Die pH-Bestimmung stößt auf Schwierigkeiten, wenn**

    a) die Lösung stark gepuffert ist,

    b) die Art der vorliegenden Ionen unbekannt ist,

    c) der Wert im Zellinneren ermittelt werden soll,

    d) die Lösung mehr als eine Säure enthält.

1.72 **Ist der Xylemsaft bei Pflanzen saurer als der Phloemsaft?**

1.73 **Die Wirkung eines Puffers ist**

    a) am besten, wenn die Hälfte seiner Moleküle dissoziiert sind,

    b) am besten bei seinem pK-Wert,

    c) unabhängig von dem jeweils eingestellten pH,

    d) gegenüber Laugen immer besser als gegenüber Säuren.

1.74 **Sind die meisten Proteine im physiologischen pH-Bereich Anionen?**

1.75 **Ein beträchtliches Überwiegen des osmotischen Koeffizienten einer Membran im Vergleich zu ihrem Permeabilitätskoeffizienten weist darauf hin, daß**

    a) die permeierenden Moleküle in der Membran gut löslich sind,

    b) die Membran ungewöhnliche Festigkeit aufweist,

    c) die Membran größere hydrophile Poren besitzt,

    d) die Membran osmotisch aktive Moleküle freisetzt.

1.76 **Die Saugspannung einer Zelle**

    a) ist gleich ihrem Turgordruck,

    b) ist gleich ihrem potentiellen osmotischen Druck,

    c) ist maximal, wenn Turgordruck und potentieller osmotischer Druck einander gleich sind,

    d) ergibt sich als Differenz des potentiellen osmotischen Druckes und des Turgordruckes ohne Rücksicht auf den Gegendruck des Gewebes,

    e) ergibt sich als Differenz des potentiellen osmotischen Druckes und des um den Gegendruck des Gewebes vermehrten Turgordruckes.

1.77 **Quellungsdrücke können potentiell**

    a) bis zu 0,1 Atm.,

b) bis zu 2 Atm.,

c) bis zu 22,4 Atm.,

d) bis zu einigen Hundert Atm.

erreichen.

1.78 Passive Permeation einer biologischen Membran

    a) ist nur möglich für eine bestimmte spezifische Auswahl von Molekülen,

    b) ist in ihrer Geschwindigkeit vom Molekulargewicht der permeierenden Moleküle unabhängig,

    c) ist in ihrem Absolutbetrag durch für die einzelnen Membranen charakteristische Maximalwerte begrenzt,

    d) führt immer zu einem Nettotransport, wenn eine Konzentrationsdifferenz für eine Molekülart über die Membran hinweg vorliegt,

    e) kann bei geladenen Molekülen auch durch einen elektrischen Potentialgradienten ohne Konzentrationsdifferenz über die Membran zu einem Nettotransport führen.

1.79 Bei passiver Permeation einer biologischen Membran hängt die Kenngröße P (=Permeationskoeffizient) x M (Molekulargewicht)$^{1/2}$ empirisch mit der Zahl der beim Eintritt in die Membran vom Molekül zu lösenden Wasserstoffbrückenbindungen N folgendermaßen zusammen:

    a) Keine erkennbare Gesetzmäßigkeit,

    b) keine Abhängigkeit (Konstanz von $P \cdot M^{1/2}$),

    c) lineare Abhängigkeit,

    d) exponentielle Abhängigkeit,

    e) Zunahme mit der Wurzel aus N.

1.80 Katalysierte Permeation

    a) gibt es jeweils bei einer bestimmten Membran nur für bestimmte Moleküle,

    b) zeigt die Erscheinung der Sättigung,

    c) kann bei niederen Konzentrationen wesentlich höhere Geschwindigkeiten erreichen als passive Permeation,

    d) ist aufgrund von Carrier-Mechanismen zu erklären,

    e) gibt es nur für lipophile Moleküle,

    f) ist nur durch einen äquivalenten Aufwand an Stoffwechselenergie zu erzielen.

1.81 Nonaktin ist

    a) ein Antibiotikum,

    b) ein starkes Detergens,

    c) ein Strukturelement mancher biologischer Membran,

    d) ein spezifischer Carrier für K^+,

    e) ein spezifischer Carrier für Ca^{++},

    f) ein Carrier für alle zweiwertigen Anionen.

1.82 Welche der folgenden Größen ist bei chemischen Reaktionen, d.h. auch solchen des Stoffwechsels, allgemein festgelegt, sobald Ausgangs- und Endzustand bestimmt sind?

    a) ΔU (Differenz der inneren Energien),

    b) Q (während der Reaktion zugeführte Wärme),

    c) A (während der Reaktion am System geleistete Arbeit),

    d) Q + A,

    e) Q − A.

1.83 Eine Reaktion heißt exotherm, wenn in ihrem Verlauf

    a) die Temperatur des Systems steigt,

    b) die Temperatur des Systems sinkt,

    c) Wärme freigesetzt wird,

    d) Wärme aufgenommen wird,

    e) die innere Energie stärker zunimmt als die Enthalpie.

1.84 Die Differenz zwischen Enthalpie und innerer Energie ist bei biochemischen Reaktionen nur dann von einiger quantitativer Bedeutung, wenn

    a) die Reaktionen sehr rasch ablaufen,

    b) die Reaktionen stark exotherm sind,

    c) die Reaktionen praktisch ohne Volumenveränderungen des Reaktionssystems ablaufen,

    d) unter den Reaktanten Gase auftreten,

    e) unter den Produkten Gase auftreten.

1.85 Ist die Frage, ob eine Reaktion exotherm oder endotherm verläuft, ausschlaggebend dafür, ob sie im Stoffwechsel ohne Kopplung an andere Reaktionen ablaufen kann?

1.86 <u>Sind</u>

    a) endotherme Prozesse stets endergonisch,

    b) endotherme Prozesse stets exergonisch,

    c) endotherme Prozesse im Prinzip immer zu Arbeitsleistungen fähig,

    d) endergonische Prozesse im Prinzip immer zu Arbeitsleistungen fähig.

1.87 <u>"Physiko-chemische" und physiologische" Standardbedingungen für Reaktionen unterscheiden sich</u>

    a) im zugrundegelegten Druck,

    b) in der zugrundegelegten Temperatur,

    c) im zugrundegelegten pH,

    d) in den zugrundegelegten Konzentrationen.

1.88 <u>Die Kenntnis von $\Delta G'$ einer chemischen Reaktion ermöglicht die Bestimmung</u>

    a) der Reaktionsrichtung bei bekannten Konzentrationen der Reaktanten und Produkte bei bekannter Temperatur,

    b) der Gleichgewichtskonstanten bei bekannter Temperatur,

    c) der Konzentrationen einzelner Reaktanten und Produkte im Gleichgewicht bei bekannter Temperatur,

    d) der Geschwindigkeit, mit der die Reaktion abläuft.

1.89 <u>Durch einen Katalysator für eine chemische Reaktion wird</u>

    a) ihr $\Delta G'$ herabgesetzt,

    b) ihre Aktivierungsenergie herabgesetzt,

    c) ihre Geschwindigkeit bei sonst unveränderten Bedingungen erhöht,

    d) der Anstieg der Reaktionsgeschwindigkeit mit der Temperatur i.a. vermindert.

1.90 <u>Die relative Steigerung der Zerfallsgeschwindig-
keit von Wasserstoffperoxyd unter den Bedingungen
in der Zelle beträgt etwa</u>

a) bei Verwendung von Pt als Katalysator,

b) herbeigeführt durch das Enzym Katalase:

c) 100,

d) 1000,

e) 10 000,

f) 100 000,

g) 1 000 000,

h) 10 000 000,

i) 100 000 000.

1.91 <u>Enzyme</u>

a) enthalten als wesentlichen Bestandteil immer
ein Protein,

b) sind in vielen Fällen für ihre Wirkung auf ein
bestimmtes Coenzym angewiesen,

c) sind in ihrer Substratspezifität von Fall zu
Fall verschieden,

d) haben meist ihr eigenes Coenzym, das sie mit
keinem anderen Enzym teilen.

1.92 <u>Sind Isozyme untereinander</u>

a) durch ihre Substratspezifität,

b) durch ihre Wirkungsspezifität,

c) durch ihre Aminosäuresequenz

<u>unterschieden?</u>

1.93 <u>NADP dient als Coenzym</u>

a) der Wasserstoffübertragung in der Atmungskette,

b) der Wasserstoffübertragung bei biologischen
Reduktionen,

c) der Aminogruppenübertragung im Stoffwechsel
der Aminosäuren,

d) der Phosphatübertragung bei der oxidativen
Phosphorylierung.

1.94 <u>Cytochrome sind Moleküle</u>

a) mit einem Proteinanteil,

b) mit einer Hämgruppe,

c) mit einem Nucleotid als Strukturbestandteil,

d) mit der Funktion der Wasserstoffübertragung,

e) mit der Funktion der Elektronenübertragung,

f) mit Fe als wesentlichem Bestandteil,

g) mit Mg als wesentlichem Bestandteil,

h) mit einem Porphyrinring als wesentlichem Strukturbestandteil.

1.95 <u>Als gruppenübertragendes Coenzym für Acylreste wirken</u>

a) Biotin,

b) Pyridoxalphosphat,

c) Ubichinone,

d) CoA,

e) NAD,

f) FAD,

g) NADP.

1.96 <u>Welche der folgenden Termini bezeichnen Hauptgruppen von Enzymen in der internationalen Nomenklatur?</u>

a) Oxidoreduktasen,

b) Dehydrogenasen,

c) Transferasen,

d) Hydrolasen,

e) Esterasen,

f) Proteasen,

g) Lyasen,

h) Aldolasen,

i) Isomerasen,

j) Ligasen,

k) Polymerasen.

1.97 <u>Eine Leberzelle enthält:</u>

a) ca. 50 verschiedene Enzyme,

b) 120 verschiedene Enzyme,

c) über 1000 verschiedene Enzyme,

d) weniger als 10% des Gesamtproteins als Enzyme,

e) etwa 65% des Gesamtproteins als Enzyme,

f) über 85% des Gesamtproteins als Enzyme.

1.98 <u>Zur katalytischen Effizienz von Enzymen tragen, in verschiedenen Kombinationen, folgende Faktoren bei:</u>

a) Positionierung von Reaktionspartnern in günstigen Abständen und Orientierungen zueinander,

b) Lockerung intramolekularer Bindungen des Substrates im Enzymsubstratkomplex,

c) Erhöhung der Temperatur des Substrates durch Bildung des Enzymsubstratkomplexes,

d) kovalente Bindung von Substrat- an Enzymmoleküle.

1.99 <u>Wie erklärt sich, daß Hexokinase nicht auch als ATP-Hydrolase wirkt?</u>

a) Die Hydroxylgruppen des Wassers sind weit weniger nucleophil als jene der Glucose,

b) wesentlich für die Hexokinasereaktion ist ein "Induced fit" zwischen Enzym und Substrat,

c) das Enzym wird durch Wasser allosterisch gehemmt,

d) das ATP-Molekül ist zu groß, um in einer aktiven Stelle des Enzyms Platz zu finden.

1.100 <u>Der Verlauf der Alkoholdehydrogenase-Reaktion ist gekennzeichnet durch</u>

a) Anlagerung der Substrate in geordneter Reihenfolge, dagegen Entlassung der Produkte in zufälliger Reihenfolge,

b) Anlagerung der Substrate in zufälliger Reihenfolge, dagegen Entlassung der Produkte in geordneter Reihenfolge,

c) eine sogenannte "bi"-Reaktion,

d) Anlagerung von NAD^+ als erstes Substrat,

e) Freisetzung von NADH als erstes Produkt,

f) einen sogenannten "Ping-Pong"-Mechanismus.

1.101 <u>Die Michaelis-Menten-Gleichung</u>

a) beschreibt explizit die Geschwindigkeit einer enzymatischen Reaktion in Abhängigkeit von der Temperatur,

b) beschreibt explizit die Abhängigkeit der Geschwindigkeit einer enzymatischen Reaktion vom pH,

c) beschreibt explizit die Abhängigkeit der Geschwindigkeit einer enzymatischen Reaktion von der Substratkonzentration,

d) berücksichtigt die Affinität des Substrates für das Enzym durch den Wert von V_{max},

e) berücksichtigt die Affinität des Substrates für das Enzym durch den Wert K_M,

f) berücksichtigt die vorhandene Enzymmenge durch den Wert von V_{max},

g) berücksichtigt die vorhandene Enzymmenge durch den Wert von K_M,

h) ist auf der Vorstellung eines Enzym-Substrat-Komplexes als notwendiges Glied im enzymatischen Reaktionsmechanismus aufgebaut,

i) hat sich zur quantitativen Beschreibung aller bisher bekannten Enzymreaktionen geeignet erwiesen.

1.102 Hat die Anwesenheit eines kompetitiven Inhibitors einen Einfluß

a) auf V_{max},

b) auf K_M,

c) derart, daß keine Michaelis-Menten-Gleichung mehr gilt.

1.103 Kann die Anwesenheit von das Enzym allosterisch beeinflussenden Molekülen dazu führen, daß

a) das K_M heraufgesetzt wird,

b) das K_M herabgesetzt wird,

c) das V_{max} heraufgesetzt wird,

d) das V_{max} herabgesetzt wird,

e) keine Michaelis-Menten-Kinetik mehr gilt?

1.104 Ordne die folgenden biologisch wichtigen Redox-
paare nach ihren Redoxpotentialen gegenüber der
Wasserstoffelektrode (bei pH 7) (mit negativen
Werten beginnend):

a) $H_2 \leftrightarrow 2H^+ + 2e^-$,

b) Laktat Pyruvat $+ 2H^+ + 2e^-$,

c) Flavoprotein . H_2 Flavoprotein $+ 2H^+ + 2e^-$,

d) Succinat Fumarat $+ 2H^+ + 2e^-$,

e) Ubichinon H_2 Ubichinon $+ 2H^+ + 2e^-$,

f) Ferredoxin . e^- Ferredoxin $+ e^-$,

g) NADH $NAD^+ + H^+ + 2e^-$,

h) NADPH $NADP^+ + H^+ + 2e^-$,

i) $FADH_2$ FAD $+ 2H^+ + 2e^-$,

j) FeII-cytochrom a_3 FeIII-cytochrom $a_3 + e^-$,

k) FeII-cytochrom c FeIII-cytochrom c $+ e^-$,

l) H_2O 1/2 $O_2 + 2H^+ + 2e^-$,

m) α-Ketoglutarat Succinat $+ CO_2 + 2H^+ + 2e^-$.

1.105 Bei der Aufstellung der chemiosmotischen Theorie
von MITCHELL sind folgende Tatsachen berücksichtigt:

a) Alle Systeme der Elektronentransportphospho-
rylierung sind in Membranen lokalisiert, die
für Protonen impermeabel sind,

b) diese Membranen enthalten alle eine ATPase,

c) sind ATPasen (F_1) mit der Membran verbunden
(durch Faktoren F_0), so können sie unter ge-
eigneten Bedingungen ATP synthetisieren,

d) ATP kann auch durch Übertragung von energie-
reich gebundenen Phosphaten, z.B. in 1,3-Di-
phosphoglycerat, auf ADP entstehen,

e) das Vorkommen sowohl von Elektronenüberträ-
gern (wie die Cytochrome) als auch von Was-
serstoffüberträgern (wie die Flavoproteine)
in den genannten Transportketten.

1.106 Oxidative Phosphorylierung

a) findet statt bei einigen Reaktionen der Glykolyse,

b) wird ermöglicht durch den Elektronenfluß in
der Atmungskette,

c) kann einen maximalen P/O-Quotienten von 6 erreichen,

    d) kann einen maximalen P/O-Quotienten von 3 er-
reichen,

    e) kann einen maximalen P/O-Quotienten von 2 er-
reichen,

    f) ist ein Weg zu Produktion von ATP,

    g) ist bei Pflanzen neben der Substratphosphory-
lierung der einzige Weg zur Produktion von
ATP,

    h) findet bei Eukaryoten nur im Cytoplasma statt,

    i) findet bei Eukaryoten nur in den Mitochon-
drien statt,

    j) findet auch in Chloroplasten statt.

1.107 **Der RCI-Wert von Mitochondrien**

    a) ist ein Maß für die Größe der inneren im Ver-
hältnis zur äußeren Membran,

    b) wird in Abwesenheit von Sauerstoff gemessen,

    c) ist besonders groß in Insektenmuskel-Mito-
chondrien,

    d) bedarf zu seiner Messung der Zugabe von ADP,

    e) ist ein Maß für die Kopplung des Elektronen-
transportes an eine ATP-Bildung.

1.108 **Wird die in ATP gespeicherte freie Energie unmittelbar durch Hydrolyse des ATP für chemische
Arbeitsleistungen bereitgestellt?**

1.109 **Welche der folgenden Arbeitsleistungen einer
Zelle können nicht unter Einsatz der in ATP gespeicherten Energie zustandekommen?**

    a) Chemische Arbeit,

    b) Transportarbeit,

    c) mechanische Arbeit.

1.110 **Ordne folgende in der Glykolyse wichtigen Phos-
phatester nach dem $\triangle$G' ihrer Hydrolyse
(absteigend):**

    a) ATP,

    b) Glucose-6-Phosphat,

    c) Phosphoenolpyruvat,

    d) Glycerinsäure 1,3 bisphosphat.

1.111 <u>Zu den reduktiven Synthesen mit Hilfe von NADPH
zählen:</u>

a) Die Bildung höherer Fettsäuren aus Glucose,

b) die Bildung von Aminosäuren aus α-Ketosäuren,

c) der Aufbau von Kohlenhydraten in der Photosynthese,

d) die Proteinbiosynthese aus Aminosäuren.

1.112 <u>Der Einsatz energiereicher Phosphatbindungen erfolgt ausschließlich direkt durch ATP, und nicht
durch andere Nukleosidphosphate, in folgenden
Fällen:</u>

a) Der Hexokinasereaktion,

b) der Aktivierung von Acylresten,

c) der Biosynthese von Polysacchariden,

d) der Aktivierung von Aminosäuren an tRNA,

e) insgesamt in der Proteinbiosynthese.

1.113 <u>Die Energie der von photosynthetischen Pigmenten
absorbierten Lichtquanten liegt im Bereich</u>

a) der Energie von Molekülschwingungen,

b) der freien Energie der Hydrolyse von ATP unter Standardbedingungen,

c) der Energieunterschiede, verbunden mit Veränderungen der Elektronenverteilung in inneren Schalen von Atomen,

d) der Energieunterschiede, verbunden mit Veränderungen der Elektronenverteilung der
äußeren Schalen von Atomen,

e) der Energie schwächerer Kovalenzbindungen.

1.114 <u>Die Lichtreaktion der Photosynthese liefert</u>

a) organisches Material ausgehend von CO_2,

b) O_2,

c) ATP,

d) Reduktionsäquivalente.

1.115 <u>Unter dem assimilatorischen Quotienten versteht
man</u>

a) das Verhältnis Mol fixiertes CO_2: Mol tran-
spiriertes H_2O,

b) das Verhältnis Mol aufgenommenes CO_2: Mol abgegebenes O_2,

c) das Verhältnis Mol aufgenommenes O_2: Mol abgegebenes CO_2,

d) das Verhältnis Mol abgegebenes O_2: Mol aufgenommenes CO_2.

1.116 <u>Für die Lichtreaktion der Photosynthese wird benötigt</u>

a) die Matrix der Chloroplasten,

b) die Thylakoidmembran,

c) Thylakoidmembran + Matrix,

d) der komplette Chloroplast, einschließlich
Chloroplastenhülle.

1.117 <u>Welche der unten genannten Pigmente können die
Energie der von ihnen absorbierten Lichtquanten
der Photosynthese zuführen (I), und bei welchen
geschieht dies unter allen Umständen (II)?</u>

a) Chlorophyll a,

b) Melanin,

c) Phytochrom,

d) ß-Carotin,

e) Phycoerythrin.

1.118 <u>Chlorophyll a findet sich</u>

a) bei allen photosynthetisierenden Organismen,

b) bei allen photosynthetisierenden Organismen
außer Bakterien,

c) bei allen photosynthetisierenden Eukaryoten,

d) bei allen photosynthetisierenden Organismen,
die Wasser als Elektronendonator benutzen,

e) stets mit Chlorophyll b gemeinsam.

1.119 <u>Phycobiline kommen vor</u>

a) bei allen photosynthetisierenden Organismen,

b) bei allen Algen,

c) bei Cyanophyta,

d) bei Chrysophyta,

e) bei Rhodophyta,

f) bei Bakterien.

1.120 <u>Das sogenannte "Pigment 700" ist</u>

    a) die natürlich vorkommende Mischung der verschiedenen Pigmente in der Thylakoidmembran,

    b) das häufigste Antennenpigment,

    c) ein photochemisches Reaktionszentrum,

    d) ein Chlorophyll a - Proteinkomplex,

    e) ein Chlorophyll b - Proteinkomplex,

    f) das Pigment mit der langwelligsten Absorbtionsbande in den Thylakoiden.

1.121 <u>Der vom Chlorophyll a für die Photosynthese bereitgestellte Energiebetrag ist</u>

    a) abhängig von der Energie der absorbierten Quanten (d.h. der Wellenlänge des absorbierten Lichtes),

    b) unabhängig von der Energie der absorbierten Quanten.

1.122 <u>Unter einem Antennenpigment versteht man</u>

    a) ein Pigment, mit dessen Hilfe die Pflanze Hell und Dunkel unterscheiden kann,

    b) ein Schutzpigment, das photosynthetisch aktive Pigmente vor Photooxidation schützt,

    c) ein Pigment, das seine Anregungsenergie auf photochemisch aktives Chlorophyll überträgt,

    d) ein Pigment, das seine Anregungsenergie nur als Fluoreszenz abstrahlen kann.

1.123 <u>Als Antennenpigmente in der Photosynthese können dienen</u>

    a) Chlorophyll a - Proteinkomplexe,

    b) Chlorophyll b - Proteinkomplexe,

    c) Phytochrom,

    d) Anthocyan,

    e) Cytochrome,

    f) Plastocyanin,

    g) Carotinoide,

    h) Phycobiline.

1.124 <u>Die Fluoreszenz des Chlorophylls ist - ceteris paribus - stark, wenn</u>

    a) die Photosyntheseintensität hoch ist,

    b) die Photosyntheseintensität niedrig ist.

1.125 <u>Für welche der folgenden Moleküle bzw. Komplexe
in Chloroplasten kann spektroskopisch das Auftreten von Redoxreaktionen nachgewiesen werden?</u>

a) P 700,

b) ß-Carotin,

c) Ferredoxin,

d) Cytochrome,

e) Chlorophyll b.

1.126 <u>Folgende Umstände sprechen für zwei Lichtreaktionen in Serie bei der Photosynthese:</u>

a) Die geringe Fluoreszenz des Chlorophylls a in
vivo,

b) das Vorhandensein von Antennenpigmenten,

c) der Vergleich des Redoxpotentials von P_{700} im
Grundzustand mit dem Redoxpotential von H_2O/O_2,

d) die Steigerung der Quantenausbeute bei 700 nm
durch gleichzeitiges Zusatzlicht von $\lambda <$
680 nm,

e) das Vorliegen verschiedener Chlorophyll a -
Proteinkomplexe mit unterschiedlichen Absorp-
tionseigenschaften.

1.127 <u>Unter "Emerson-Effekt" versteht man</u>

a) die Steigerung der Quantenausbeute bei 700 nm
durch gleichzeitiges Zusatzlicht von $\lambda <$
680 nm,

b) die Wasserspaltung durch belichtete Chloroplasten oder Chloroplastenbruchstücke bei Ge-
genwart eines Elektronenakzeptors,

c) die Lichtaktivierung von Photosyntheseenzymen,

d) die Temperaturabhängigkeit der Dunkelreaktion
in der Photosynthese,

e) die Hemmung der apparenten Photosynthese
durch O_2.

1.128 <u>Der "Emerson-Effekt" tritt auf</u>

    a) bei jeder kompletten Photosynthese,

    b) bei der Photosynthese nur der Eukaryoten,

    c) bei jeder Photosynthese, die Lichtreaktion I und II umfaßt,

    d) bei der bakteriellen Photosynthese,

    e) bei der Hill-Reaktion,

    f) beim cyklischen Elektronentransport.

1.129 <u>Die Hillreaktion ist</u>

    a) eine experimentelle Variante der Lichtreaktion der Photosynthese,

    b) Bestandteil der Dunkelreaktion der Photosynthese,

    c) einhergehend mit der Photolyse des Wassers,

    d) O_2-produzierend,

    e) CO_2-verbrauchend,

    f) ihrerseits einem Emerson-Effekt unterworfen,

    g) allein eine solche des Photosystems II.

1.130 <u>Wieviele Lichtquanten müssen aufgrund der Art des Zusammenwirkens von Photosystem I und Photosystem II pro produzierten O_2-Moleküls mindestens absorbiert werden?</u>

1.131 <u>Die Photophosphorylierung setzt voraus das Vorliegen</u>

    a) intakter Zellen,

    b) intakter Chloroplasten,

    c) intakter Thylakoide,

    d) von Thylakoidmembranen,

    e) von Thylakoidmembranen + Stroma.

1.132 <u>Die "cyclische Photophosphorylierung"</u>

    a) führt zur Synthese von NADPH,

    b) verbraucht ATP,

    c) konkurriert mit der nicht-cyclischen Photophosphorylierung an Ferredoxin um Elektronen,

    d) führt zur Freisetzung von O_2,

    e) ist in seiner physiologischen Bedeutung noch ungeklärt.

1.133 <u>Bei Halobacterium halobium</u>

    a) wurde erstmals in der Evolution der Chloro-
       phyll-abhängige Photosyntheseprozess verwirk-
       licht,

    b) läuft Photosynthese nur in Anwesenheit von
       Sauerstoff ab,

    c) konnte ein lichtabhängiger Protonentransport
       durch die Zellmembran nachgewiesen werden,

    d) kann derselbe Protonengradient auch durch
       oxidative Stoffwechselprozesse aufrechterhal-
       ten werden,

    e) enthält die Purpurmembran in hexagonaler Pak-
       kung Bacteriorhodopsin.

1.134 <u>Die Dunkelreaktion der Photosynthese wird so ge-
nannt</u>

    a) weil sie nur im Dunkeln abläuft,

    b) weil zu ihrem Zustandekommen ein Licht-Dun-
       kelwechsel notwendig ist,

    c) weil sie kein Licht benötigt.

1.135 <u>Die Enzyme des Calvin-Zyklus finden sich</u>

    a) in der Thylakoidmembran,

    b) in der Chloroplasten-Matrix,

    c) z.T. in der Thylakoidmembran, z.T. in der
       Matrix,

    d) in der Chloroplastenhülle.

1.136 <u>Im Calvin-Zyklus wird bzw. werden:</u>

    a) ATP produziert,

    b) NADPH oxidiert,

    c) CO_2 an Ribulose-1,5-bisphosphat gebunden,

    d) Ribulose-5-phosphat mit ATP zu Ribulose-1,5-
       bisphosphat phosphoryliert,

    e) von Reaktionen des Pentosephosphatweges Ge-
       brauch gemacht,

    f) Hexose produziert,

    g) u.U. Metaboliten für andere Stoffwechselwege
       abgezweigt.

1.137 <u>Die Ribulose-bis-phosphat-carboxylase kataly-
siert</u>

a) die Reduktion des 3-phospho-Glycerat,

b) die Phosphorylierung des Ribulose-5-phosphat,

c) die Carboxylierung von Ribulose-1,5-bis-
phosphat,

d) die Oxygenierung von Ribulose-1,5-bis-
phosphat.

1.138 <u>In Chloroplasten bzw. Proplastiden finden statt:</u>

a) die gesamte Nitratreduktion der Pflanzen,

b) der Übergang von Nitrit zu Ammoniak mit NADPH
als Reduktionsmittel,

c) der Übergang von Nitrat zu Nitrit mit NADPH
als Reduktionsmittel,

d) ein molybdänabhängiger Reduktionsschritt,

e) Schritte der Sulfatreduktion.

1.139 <u>Für die Funktion des Nitratreductasekomplexes
sind als Bestandteile oder Cofaktoren erforderlich:</u>

a) Ferredoxin,

b) NADPH ,

c) NADH ,

d) FAD oder FMN,

e) Eisen,

f) Molybdän.

1.140 <u>Die Nitritreductase überträgt bei der Reduktion
eines Nitrit-Ions insgesamt</u>

a) 2 Elektronen,

b) 4 Elektronen,

c) 6 Elektronen,

d) 8 Elektronen.

1.141 <u>Bakterielle Photosynthese</u>

a) findet sich bei allen Bakterien,

b) findet sich nur unter anaeroben Bedingungen,

c) produziert O_2,

d) ist in bestimmten Fällen mit der Oxidation
von H_2S zu elementarem Schwefel verbunden,

e) ist in allen Fällen mit der Oxidation von H_2S
verbunden,

f) ist mit cyklischem Elektronentransport verknüpft,

g) zeigt den Emerson-Effekt.

1.142 **Die bakterielle Photosynthese ist charakterisiert**

a) durch das Vorliegen zweier Photosysteme,

b) durch ein einziges Photosystem,

c) durch ein Reaktionszentrum mit $\lambda < 800$ nm,

d) durch ein Reaktionszentrum mit $\lambda > 800$ nm,

e) durch die Verwendung von H_2O als Elektronendonator,

f) durch Thylakoide als strukturelle Grundlage,

g) durch Thylakoidmembranen als strukturelle
Grundlage,

h) durch Ubichinon als finalen Elektronenakzeptor,

i) durch NADP als finalen Elektronenakzeptor,

j) durch NAD als finalen Elektronenakzeptor.

1.143 **Als terminale Elektronenakzeptoren im Stoffwechsel verschiedener Mikroorganismen fungieren:**

a) Sauerstoff,

b) Wasserstoff,

c) Nitrat,

d) Sulfat,

e) Schwefel.

1.144 **In der Glykolyse**

a) kann ATP ohne Verbrauch von Sauerstoff gebildet werden,

b) sind alle Zwischenprodukte zwischen dem Aus-
gangssubstrat Glukose und dem Produkt Pyruvat
phosphoryliert,

c) sind mehrere reversible Reaktionen mit solchen der Glukoneogenese gemeinsam,

d) ist NAD^+ ein unentbehrlicher Wasserstoffak-
zeptor,

e) sind stark exergone Reaktionen mit solchen
der Glukoneogenese gemeinsam,

f) ist die Phosphofruktokinasereaktion allosterisch geregelt.

1.145 Durch Übertragung des Acetylrestes von Acetyl-
      CoA auf Oxalacetat und Hydrolyse entsteht:

      a) Das Substrat einer Reaktion der Glykolyse,

      b) das Substrat einer Reaktion des Krebszyklus,

      c) Pyruvat,

      d) Citrat,

      e) Isocitrat,

      f) α-Ketoglutarat,

      g) Succinyl-CoA,

      h) Fumarat,

      i) das Produkt einer Reaktion des Krebszyklus,

      j) eine Tricarbonsäure bzw. eines ihrer Anionen.

1.146 Ein Segment des Krebszyklus wird in umgekehrter
      Richtung durchlaufen bei:

      a) der alkoholischen Gärung,

      b) der Milchsäuregärung,

      c) der Buttersäuregärung,

      d) der Succinatgärung.

1.147 In welchem Verhältnis stehen die Mengen nutzba-
      rer Energie (als ATP), die im Stoffwechsel durch
      alkoholische Gärung einerseits, durch oxidativen
      Abbau andererseits aus der gleichen Menge Gluco-
      se gewonnen werden können?

      a) 3 : 1,

      b) 2 : 1,

      c) 1 : 1,

      d) 1 : 7,

      e) 1 : 19,

      f) 1 : 30.

1.148 Im Pentosephosphatweg

      a) dient molekularer Sauerstoff zur Oxidation
         von Glucose,

      b) entstehen wichtige Vorläufer von Nuclein-
         säuren,

      c) wird Wasserstoff auf NAD übertragen,

      d) wird Wasserstoff auf NADP übertragen,

      e) entsteht CO_2.

1.149 <u>Beim Vergleich von Wegen des Aufbaues und Wegen des Abbaues im Stoffwechsel wichtiger Moleküle fällt auf, daß</u>

a) hinsichtlich des Aufbaues bei verschiedenen Organismen viel größere Einheitlichkeit herrscht als hinsichtlich des Abbaues,

b) oft dieselben Reaktionen auftreten, die beim Aufbau in der einen, beim Abbau in der anderen Richtung durchlaufen werden,

c) dort, wo beim Abbau Reaktionen mit einem hohen Gefälle an freier Energie auftreten, beim Aufbau andere Wege bzw. Umwege eingeschlagen werden,

d) bei einem Aufbauweg mehr freie Energie (im allgemeinen als ATP) investiert wird, als beim umgekehrten Abbauweg gewonnen wird.

1.150 <u>Der Abbau von Glykogen oder Stärke</u>

a) führt unmittelbar zu Glucose,

b) führt bereits im ersten Schritt zur Nutzbarmachung eines Teils der gespeicherten Energie als ATP,

c) mündet in die Glykolyse,

d) geschieht über phosphorylierte Zwischenstufen,

e) liefert kein Material für Biosynthesen, sondern dient ausschließlich der Energiegewinnung.

1.151 <u>Es sind von den jeweiligen Ausgangssubstanzen
(bzw.) Aminosäuren, Monosaccharide, Proteine,
Lipide bei</u>

    a) Knüpfung einer Peptidbindung in der Protein-
       biosynthese,

    b) Knüpfung einer glykosidischen Bindung bei
       der Biosynthese von Polysacchariden,

    c) Knüpfung einer glykosidischen Bindung bei
       der Biosynthese von Disacchariden,

    d) Bildung eines Proteinkomplexes (z.B. Multi-
       enzymkomplex),

    e) Einbau des Lipidmoleküls in eine biologische
       Membran

<u>im Stoffwechsel jeweils aufzuwenden:</u>

    f) 4 Moleküle ATP,

    g) 3 Moleküle ATP,

    h) 2 Moleküle ATP,

    i) 1 Molekül ATP,

    j) $> 10\ 000$ Moleküle ATP,

    k) i.a. kein ATP.

1.152 <u>Lipide</u>

    a) sind Bausteine aller biologischen Membranen,

    b) kommen in den meisten, aber nicht in allen
       Zellen vor,

    c) machen in allen Zellen die hauptsächliche
       Speicherform von Energie aus,

    d) sind besonders energiereiche Verbindungen,

    e) bedürfen zu ihrer Verwertung als Energielie-
       ferant eines oxidativen Stoffwechsels.

1.153 <u>Die Umwandlung von Fetten in Kohlenhydrate</u>

    a) findet in allen Zellen statt,

    b) kann in allen Zellen stattfinden, in denen
       auch umgekehrt eine Umwandlung von Kohlen-
       hydraten in Fette möglich ist,

    c) findet in keimenden Pflanzensamen statt,

    d) kann in solchen Organismen stattfinden, die
       über den Glyoxylatzyklus verfügen,

    e) geschieht unter Beteiligung der ß-Oxidation,

    f) geschieht unter Beteiligung von Malonyl-CoA.

1.154 Die Biosynthese von Fettsäuren geschieht

    a) ausschließlich in Mitochondrien,

    b) mit Kettenverlängerungen um jeweils 2 C-Einheiten,

    c) bei vielen Organismen katalysiert von einem Multienzymkomplex,

    d) derart, daß wesentliche Substrate der Synthese CoA-gebunden sind,

    e) derart, daß das Produkt CoA-gebunden anfällt.

1.155 In den dazu jeweils befähigten Bakterien wird induziert:

    a) Denitrifikation durch Nitratmangel,

    b) Denitrifikation durch Mangel an Ammoniumionen,

    c) Denitrifikation durch Sauerstoffmangel,

    d) Stickstoffixierung durch Nitratmangel,

    e) Stickstoffixierung durch Mangel an Ammoniumionen,

    f) Stickstoffixierung durch Anaerobiose.

1.156 Welche der folgenden biogenen Amine

    a) Propanolamin,

    b) Cystamin,

    c) ß-Alanin,

    d) γ-Aminobuttersäure,

    e) Histamin,

    f) Tryptamin,

entstehen direkt durch Transaminierung aus den entsprechenden Aminosäuren (Threonin, Cystein, Aspartat, Glutamat, Histidin, Tryptophan)?

1.157 Welche der folgenden Aminosäuren werden aufgrund der Biosynthesewege zur "Glutamat-Familie" gerechnet?

    a) Threonin,

    b) Methionin,

    c) Prolin,

    d) Arginin,

    e) Alanin,

    f) Valin.

1.158 Der Harnstoffzyklus

   a) stimmt teilweise mit dem Biosyntheseweg von
      Arginin überein,

   b) stimmt teilweise mit dem Biosyntheseweg von
      Ornithin überein,

   c) dient der Gewinnung von ATP aus der Energie
      überschüssiger Stickstoffverbindungen,

   d) wird mit Stickstoff in Form von Carbamylphos-
      phat gespeist,

   e) wird mit Stickstoff in Form von Aspartat ge-
      speist,

   f) wird mit Stickstoff in Form von Harnstoff ge-
      speist.

1.159 Gibt es Beispiele für Reaktionen, die im Stoff-
       wechsel in der umgekehrten Richtung zu der ex-
       perimentell unter Standardbedingungen ermittel-
       ten verlaufen?

1.160 Allosterische Hemmung tritt ein

   a) bei der Aspartat-Transcarbamylase durch CTP,

   b) bei der Aspartat-Transcarbamylase durch ATP,

   c) bei der Phosphofructokinase durch Citrat,

   d) bei der Phosphofructokinase durch ATP,

   e) bei der Threonin-Desaminase durch Valin,

   f) bei der Threonin-Desaminase durch Isoleucin.

1.161 Gibt es auch auf der Seite des Proteinabbaues
       Kontrollmechanismen zur Beeinflussung der En-
       zymaktivitäten?

1.162 Ist eine Membran für bestimmte Ionenarten per-
       meabel und für andere nicht und befinden sich
       die nichtpermeierenden Ionen auf einer Seite
       der Membran, so

   a) stellt sich ein Donnan-Gleichgewicht ein,

   b) stellt sich eine elektrische Potentialdif-
      ferenz über der Membran ein,

   c) stellt sich ein osmotisches Gefälle über der
      Membran ein,

   d) erreichen die permeierenden Ionen beiderseits
      der Membran gleiche Konzentration,

e) stellt sich auf beiden Seiten der Membran ein
Zustand ein, bei dem die Zahl der positiven
Ionenladungen der der negativen Ionenladungen
in guter Näherung gleicht (Elektroneutrali-
tät),

f) stellt sich, wenn es nur je eine Art perme-
ierende Kationen und Anionen gibt, ein Zustand ein, bei dem die Produkte der Konzen-
trationen des Anions und des Kations beiderseits der Membran gleich sind.

1.163 Bei der Froschmuskelzelle entspricht bei einem
gegebenen Ruhepotential von 90 mV (innen nega-
tiv) die Verteilung von

a) Cl^-,

b) K^+,

c) Na^+,

mit guter Näherung der zugehörigen Donnan-Ver-
teilung?

1.164 Die Goldmann-Gleichung

a) definiert das Membranpotential als Gleichge-
wichtspotential einer jeden die Membran permeierenden Ionenart,

b) gewichtet den Einfluß verschiedener Ionenarten auf das Membranpotential nach ihrer Per-
meabilität,

c) beschreibt ein thermodynamisches Gleichgewicht,

d) ist experimentell gut bestätigt.

1.165 Die Herstellung des Ruhepotentials einer Membran erfordert eine Ladungstrennung (bei ein-
wertigen Ionen) von etwa

a) 1/2 Pikomol/cm^2,

b) 2   Mikromol/cm^2,

c) 60 Mikromol/cm^2,

d) 3   Millimol/cm^2.

1.166 <u>Wodurch unterscheiden sich Eukaryoten- und Bakterien-DNA?</u>

    a) Doppelsträngigkeit/Einsträngigkeit,

    b) Molekulargewicht,

    c) Assoziation mit basischen Proteinen,

    d) Vorhandensein multipler Sequenzen,

    e) Basenverhältnis,

    f) Querdurchmesser,

    g) Beteiligung von Polysacchariden.

1.167 <u>Was unterscheidet Chromatin von dem Nucleoid-Inhalt?</u>

    a) Nucleosomen,

    b) Doppelsträngigkeit der DNA,

    c) Komplexierung mit Protein,

    d) enzymatische Aktivität,

    e) Quervernetzung,

    f) Fähigkeit zur Chromomeren-Bildung,

    g) Mutagenität,

    h) Möglichkeit der Endopolyploidisierung,

    i) Möglichkeit des Nachweises von G-Banden,

    j) monorepliconische DNA.

1.168 <u>In welcher Phase des Zellzyklus erfolgt die Histonsynthese?</u>

    a) Mitose,

    b) S,

    c) G1,

    d) G2.

1.169 <u>Wodurch unterscheidet sich H1 strukturell und funktionell von den übrigen Histonen?</u>

    a) geringeres Molekulargewicht,

    b) höheres Molekulargewicht,

    c) Komplexbildung mit H2A und H4,

    d) Gehalt an Lysin,

    e) Gehalt an Arginin,

    f) Gehalt an Häm-Gruppen.

1.170 Welche Eigenschaften eines Chromosoms können aus dem Idiogramm abgelesen werden?

a) Länge in μm,

b) Längenverhältnis der Arme,

c) Gesamtmasse (absolut),

d) Befähigung zur Bildung eines Nucleolus,

e) Lokalisation bestimmter Gene.

1.171 Heterochromatin unterscheidet sich von Euchromatin durch

a) bessere Färbbarkeit,

b) höheren Gengehalt,

c) späte Replikation,

d) Fehlen von Histonen,

e) frühzeitige Entfaltung in der Telophase,

f) Befähigung zur Nucleolenbildung,

g) Besitz von Ribosomen.

1.172 Wenn bei einem Insekt eine Körperzelle polytäne Chromosomen (Riesenchromosomen) ausgebildet hat, so entspricht deren Zahl der eines

a) haploiden,

b) diploiden,

c) polyploiden

Chromosomensatzes.

1.173 Semikonservative Replikation der DNA bedeutet

a) die ursprüngliche DNA-Doppelhelix bleibt insgesamt erhalten, eine neue Kopie aus neuen Bausteinen tritt hinzu,

b) genau die Hälfte der Bausteine der DNA verbleiben in ihr, die andere Hälfte wird aus DNA entfernt,

c) jede neugebildete DNA-Doppelhelix besteht an ihrem Anfang aus dem ursprünglichen, an ihrem Ende aus neu hinzugekommenem Material,

d) in jeder neugebildeten DNA-Doppelhelix stammt einer der Stränge von der ursprünglichen DNA, der andere ist neu hinzusynthetisiert.

1.174 DNA-Replikation: Welche Eigenschaften kommen der Matrize (I), welche dem Primer (II), welche beiden (III) und welche keinem von beiden (IV) zu?

a) besteht aus DNA,

b) besteht aus RNA,

c) besteht aus Protein,

d) legt Basensequenz fest,

e) bietet freies 3'-Ende,

f) bietet freies 5'-Ende,

g) wird nach Replikation abgebaut,

h) bleibt erhalten,

i) ist doppelsträngig,

j) ist zirkulär,

k) ist aus Nucleotiden aufgebaut.

1.175 Welche Funktion haben Nucleolen?

a) DNA-Replikation,

b) Proteinsynthese,

c) Membranbildung,

d) Pigmentträger,

e) Atmung,

f) rRNA-Synthese,

g) mRNA-Synthese.

1.176 Repetitive DNA-Sequenzen sind dann gegeben, wenn

a) die betreffenden Sequenzen in vielen verschiedenen Organismen gleich oft vorkommen,

b) diese Sequenzen als Muster ihrer eigenen Vermehrung dienen könnten,

c) sie in einer Zelle mindestens doppelt vorkommen,

d) sie auf einem Chromosom mehrfach als Genwiederholung vorkommen.

Beispiele sind:

e) Die RNA-Gene im Nucleolus,

f) die Globin-Gene.

1.177 <u>Welche der folgenden Moleküle bzw. Zellstruktu-</u>
<u>ren werden durch Kernporenkomplexe transpor-</u>
<u>tiert?</u>

a) Proteine,

b) Wasser,

c) tRNA,

d) Ribosomen,

e) Lysosomen,

f) Nucleolen,

g) Nucleotide,

h) DNA,

i) mRNA,

j) DNA-Polymerase,

k) GOLGI-Vesikel.

1.178 <u>Welche Zellkernveränderungen beobachtet man bei</u>
<u>Inaktivierung einer Zelle?</u>

a) Verkleinerung,

b) Auflockerung des Chromatins,

c) Verkleinerung / Verschwinden der Nucleolen,

d) Endopolyploidie,

e) weniger Porenkomplexe,

f) Vermehrung von konstitutivem Heterochromatin,

g) Blockade des Zellzyklus in G_2,

h) Einschleusung in Lysosomen oder Vacuolen.

1.179 <u>Die innere Mitochondrienmembran unterscheidet</u>
<u>sich von der äußeren unter anderem dadurch, daß</u>
<u>sie</u>

a) Cristae bildet,

b) für Oxalacetat undurchlässig ist,

c) Cardiolipin enthält,

d) Cholesterin enthält,

e) Monoaminoxidase enthält,

f) für ATP undurchlässig ist,

g) mit Enzymen der Atmungskette besetzt ist,

h) Phospholipide enthält.

1.180 <u>Die DNA der Mitochondrien ist</u>

    a) ein langgestrecktes Molekül mit 2 Enden,

    b) ein ringförmiges Molekül,

    c) einsträngig,

    d) doppelsträngig,

    e) mit Histon gekoppelt,

    f) von der Länge eines Bakterien-Genoms.

1.181 <u>Welche der folgenden Begriffe (a-f) bezeichnen ein Zellorganell und welche sind die zugehörigen Funktionen (g-l)?</u>

    a) Proplastide,

    b) Amyloplast,

    c) Duroplast,

    d) Chloroplast,

    e) Chromoplast,

    f) Thermoplast;

    g) Selbstvermehrung,

    h) Photosynthese,

    i) Stärkespeicherung,

    j) Verhärtung der Zelle (inneres Skelett),

    k) Insektenanlockung bei Blüten,

    l) Wärmeproduktion.

1.182 <u>Was haben Chromoplasten und Gerontoplasten gemein (I), was unterscheidet sie (II)?</u>

    a) Fehlen von Chlorophyll,

    b) Anwesenheit von Carotinoiden,

    c) Vorkommen in bestimmten Pflanzengeweben,

    d) Herkunft,

    e) Funktion,

    f) doppelte Membranhülle.

1.183 <u>Nehmen Sie die richtige Zuordnung folgender Struktur- und Funktionsbegriffe vor:</u>

    a) Lichtreaktionen der Photosynthese,

    b) Photosynthetische CO_2-Fixierung,

    c) Photosynthetische ATP-Bildung,

    d) Stärke-Bildung;

e) äußere Plastidenmembran,

f) innere Plastidenmembran,

g) Thylakoide,

h) Plastiden-Matrix (Grundsubstanz).

1.184 <u>Flechten sind enge Symbiosen, und zwar</u>

a) Endosymbiosen zwischen Pilzen und Algen,

b) Endosymbiosen zwischen Bakterien und Algen,

c) Exosymbiosen zwischen Pilzen und Algen,

d) Endosymbiosen zwischen Bakterien und Moosen.

1.185 <u>Über welche Evolutionsschritte von Eukaryoten macht die Symbiontenhypothese Aussagen (I), über welche nicht (II)?</u>

a) Nucleosomen in Chloroplasten,

b) repetitive Sequenzen in mtDNA,

c) Bildung der Kernhülle,

d) Entstehung der Plastidenhülle,

e) Zellvergrößerung,

f) Entwicklung des Actomyosin-Systems,

g) Entwicklung von Endo- und Exocytose,

h) Linearität der ncDNA,

i) Zirkularität von ptDNA und mtDNA,

j) Lipidzusammensetzung der inneren Mitochondrien-Membran,

k) Entwicklung der Nucleosomen,

l) Entwicklung der Meiose.

1.186 <u>Folgende Kompartimente sind nicht-plasmatisch:</u>

a) Lysosomen,

b) Thylakoide,

c) Vacuolen,

d) Mitochondrienmatrix,

e) GOLGI-Vesikel,

f) ER-Zisternen.

1.187 <u>Gamma-Globuline werden</u>

    a) im GOLGI-Apparat synthetisiert,

    b) im GOLGI-Apparat zu Glykoproteinen umgeformt,

    c) im GOLGI-Apparat zu Lipoproteinen umgeformt,

    d) im GOLGI-Apparat größtenteils wieder abge-
       baut,

    e) nach Passage durch den GOLGI-Apparat sezer-
       niert,

    f) im granulären ER synthetisiert,

    g) im glatten ER synthetisiert.

1.188 <u>Welche Zeit beansprucht in aktiven Drüsenzellen
Synthese und Ausschleusung des Sekretes?</u>

    a) ms,

    b) s,

    c) min,

    d) Stunden,

    e) Tage.

1.189 <u>An welchen der folgenden Zellfunktionen ist das
glatte ER beteiligt?</u>

    a) Verdauung,

    b) Ionentransport,

    c) Proteinbiosynthese,

    d) Photosynthese,

    e) Lipidsynthese,

    f) Sekretion,

    g) Mitose,

    h) DNA-Replikation.

1.190 <u>Leitenzyme</u>

    a) sind schwer nachweisbar,

    b) kommen nur jeweils in einem bestimmten Zell-
       kompartiment vor,

    c) machen jeweils in einem Kompartiment den
       Hauptteil aller Enzymproteine aus.

1.191 <u>Autophagosomen</u>

    a) sind Bestandteile des GOLGI-Apparates,

    b) entstehen durch Fusion von Lysosomen mit de-
       fekten Organellen,

c) dienen der Verdauung defekter Organellen,

d) haben sekretorische Funktion,

e) entstehen durch Phagocytose,

f) sind an Exocytose beteiligt.

1.192 <u>Beim Vergleich von Pflanzen- und Tierzellen sind</u>
<u>im allgemeinen als charakteristisch für erstere</u>
<u>folgende Eigenschaften zu werten:</u>

a) Auftreten einer Zellwand,

b) ein diffuser GOLGI-Apparat,

c) Mitosespindel mit Polstrahlung und Centriolen
im Zentrum,

d) Auftreten größerer Vacuolen.

1.193 <u>Welche Zellkomponenten können Cytoskelett-Funk-</u>
<u>tion übernehmen?</u>

a) Mikrotubuli,

b) Amyloplasten,

c) rauhes ER,

d) Actin,

e) Clathrin,

f) Keratin,

g) Polysomen,

h) Chromosomen.

1.194 <u>Welche der folgenden Zellkomponenten können</u>
<u>Mikrotubuli enthalten?</u>

a) Centriol,

b) Plastiden,

c) Vacuolen,

d) Mitochondrien,

e) Cilien,

f) Dictyosomen,

g) Zellwand,

h) Nucleolus,

i) Cytoplasma.

1.195 <u>Worin unterscheiden sich Cilien und Flagellen</u>
<u>(I), in welchen Eigenschaften stimmen sie über-</u>
<u>ein (II)?</u>

a) Aufbau des Axonema,

b) Querschnitt-Symmetrie,

c) Zahl pro Zelle,

d) Vorkommen von Dynein,

e) Gehalt an Polysomen,

f) Gehalt an DNA,

g) Besitz eines Kinetosoms,

h) Besitz eines Centromers,

i) Länge.

1.196 <u>Welche Fakten weisen darauf hin, daß Centriolen</u>
<u>nicht primär mit der Bildung von Mitose-Spindeln</u>
<u>zu tun haben (I), welche sind dafür irrelevant</u>
<u>(II) oder überhaupt falsch (III)?</u>

a) Spindeln können sich auch ohne Centriolen
bilden,

b) Centriolen können die Bildung von Mikrotubuli
nicht anregen,

c) Centriolen liegen gewöhnlich als Doppelstruk-
turen vor,

d) Centriolen enthalten keine DNA,

e) Dentriolen kommen nie im Zellkern vor,

f) Centriolen bestehen aus Mikrotubuli,

g) Centriolen besitzen einen anderen Feinbau als
Polfasern,

h) bei Prokaryoten gibt es keine Centriolen,

i) Centriolen können Stärke bilden,

j) Zellwand-Bildung ist unabhängig von Centriolen,

k) es gibt Eukaryoten ohne Centriolen,

l) Centriolen lösen sich am Ende der Prophase
auf.

1.197 <u>Zu welcher der folgenden Stoffklassen gehört</u>
<u>Lignin?</u>

a) Proteine,

b) Nucleinsäuren,

c) Lipide,

d) Polysaccharide,

e) Phenolkörper,

f) Carbonsäuren,

g) Kohlenwasserstoffe.

1.198 Welche Zellwandfunktionen und -Eigenschaften sind bei Landpflanzen zu phylogenetisch älteren hinzugekommen?

a) Stoffaustausch mit der Umgebung,

b) Schutz vor Wasserverdunstung,

c) Flexibilität,

d) Verholzung,

e) Cutinisierung,

f) Zellulosegehalt.

1.199 Erythrocyten

a) besitzen eine reißfeste Zellwand,

b) platzen in Blutplasma,

c) platzen in Wasser,

d) platzen nicht in isotonischen Puffern.

1.200 Welcher Vorgang markiert das Ende der Metaphase?

a) Zusammenbruch der Kernhülle,

b) Auflösung des Nucleolus,

c) vollständige Trennung des Schwesterchromatiden,

d) Ausbildung des Spindelapparates,

e) Teilung der Centriolen.

1.201 Wie kann experimentell Polyploidie erzielt werden? Durch Behandlung mit

a) Röntgenstrahlen,

b) Colchicin,

c) allen Mutagenen,

d) Agentien, die die Auflösung von Mikrotubuli bewirken,

e) Kälteschock.

.202 **Bringen Sie die folgend aufgezählten Mitose-**
und Zellzyklusphasen durch Nummerieren in die
richtige Reihenfolge:

    a) Prophase,

    b) G1-Phase,

    c) S1-Phase,

    d) Telophase,

    e) Metaphase,

    f) G2-Phase,

    g) S2-Phase.

.203 **Kreuzen Sie jene Eucyten an, die Centriolen bzw.**
Basalkörper enthalten:

    a) Vegetative Zelle eines Pollenschlauches,

    b) generative Zelle eines Pollenschlauches,

    c) menschliche Spermienzelle,

    d) menschliche Eizelle,

    e) Zelle aus Flimmerepithel der Bronchien,

    f) Farn-Spermatozoid,

    g) Pantoffeltierchen.

.204 **Mikrotubuli**

    a) haben Durchmesser von 18 - 30 nm,

    b) bestehen aus Actin,

    c) werden durch Colchicin aufgelöst,

    d) binden Myosin,

    e) werden durch Cytochalasin nicht beeinflußt,

    f) sind röhrenförmig.

2. Genetik

2.1 <u>Der Begriff "Gen" bezeichnet</u>

    a) die Gesamtheit der erblichen Information eines Organsimus,

    b) ein bestimmtes, erbliches, äußerlich feststellbares Merkmal eines Organismus,

    c) jede einzelne Molekülgruppe, deren chemische Veränderung eine Erbänderung hervorruft,

    d) durch theoretische Analyse des gesamten Erbgeschehens zu ermittelnde Faktoren, die im Prinzip unabhängig voneinander weitergegeben werden und aus deren Kombination sich das erbliche Erscheinungsbild eines Organismus verstehen lassen soll,

    e) eine bestimmte Polypeptidkette des jeweils betrachteten Organismus,

    f) die DNA-Doppelhelix.

2.2 <u>Homozygot heißt ein Organismus bezüglich eines bestimmten Gens dann, wenn er</u>

    a) dieses Gen höchstens einmal enthält,

    b) das gleiche Gen mindestens dreimal enthält,

    c) kein anderes Allel desselben Gens enthält.

2.3 <u>Unter dem "Genom" eines Organismus versteht man</u>

    a) die Ausprägung aller seiner Gene in der Erscheinung,

    b) das größte seiner Gene,

    c) abstrakt gesehen die Gesamtheit seiner Gene,

    d) ein Makromolekül für den Fall, daß es die Gesamtheit der erblichen Information eines Organismus trägt.

2.4 <u>Kann es Organismen mit gleicher äußerer Erscheinung aber verschiedenem Genotyp geben?</u>

2.5 <u>Kann es Organismen mit gleichem Genotyp aber verschiedener äußerer Erscheinungsform geben?</u>

2.6 <u>Unter Transformation versteht man die Übertragung
von Erbfaktoren eines Organismus, des sogenannten
Donors, auf eines anderen Organismus, den sogenannten Rezipienten dadurch, daß von ersterem
stammendes Material in letzteren inkorporiert
wird, und zwar</u>

a) einzelne Organellen,

b) vollständige Geschlechtszellen,

c) Zellkerne,

d) DNA,

e) Proteine,

f) spezielle Antigene,

g) Viren.

2.7 <u>Die genetische Information des Tabakmosaikvirus
ist festgelegt</u>

a) in Hüllprotein und DNA,

b) in Hüllprotein und RNA,

c) in DNA allein,

d) in Hüllprotein allein,

e) in RNA allein,

f) in DNA und RNA.

2.8 <u>Bei Infektion von Escherichia coli durch den
Phagen T4 dringt</u>

a) das gesamte Phagenpartikel,

b) vorzugsweise seine DNA,

c) vorzugsweise sein Protein,

<u>in die infizierte Zelle ein.</u>

2.9 <u>Die Information desjenigen Gens, das die Aminosäuresequenz einer bestimmten Polypeptidkette
festlegt, wird bei der Biosynthese der letzteren
wirksam durch</u>

a) verschiedene Moleküle Transfer-RNA,

b) die Aminosäuresequenz der aktivierenden Enzyme,

c) die Struktur einzelner Ribosomen,

d) die Basensequenz der m-RNA.

2.10 **Ein Processing, d.h. eine gezielte chemische Um-
gestaltung der primär in Transcriptionsvorgängen
synthetisierten RNA,**

a) findet sich bei mRNA, rRNA und tRNA,

b) nur bei mRNA,

c) bei jeder mRNA,

d) kann in der Entfernung einzelner Abschnitte der
RNA bestehen,

e) kann in Methylierungen einzelner Basen bestehen,

f) kann in sonstigen chemischen Abänderungen einzelner Basen bestehen.

2.11 **Der genetische Code läßt sich durch folgende
Feststellungen kennzeichnen, er ist**

a) mehrdeutig,

b) ein Triplett-Code,

c) kommalos,

d) für keine zwei Organismen völlig gleich,

e) degeneriert.

2.12 **Der genetische Code wurde mit Hilfe eines aus
dem Bacterium Escherichia coli gewonnenen, zellfreien Systems und künstlichen Ribonukleinsäuren
vollständig entschlüsselt. Die Bestätigung vieler Code-Worte durch die Untersuchung nitritin-
duzierter Mutanten des Tabakmosaikvirus stellt
dennoch eine wichtige Ergänzung dar und zwar weil**

a) dadurch der Code in einer Pflanze im wesentlichen übereinstimmend gefunden wurde mit dem
im Bacterium Escherichia coli gültigen,

b) so sichergestellt war, daß die Abweichung der
Bedingungen in der lebenden Zelle von denen
im zellfreien System die Ergebnisse nicht
verfälscht hatten,

c) das Tabakmosaikvirus ein noch wesentlich klei-
nerer Organismus ist als Escherichia coli.

2.13 <u>Das Enzym RNA-Polymerase hat in erster Linie die Funktion</u>

    a) Gene zu verdoppeln,

    b) die Übertragung der genetischen Information bei der Transkription zu bewerkstelligen,

    c) die Übertragung der genetischen Information bei der Translation zu bewerkstelligen,

    d) die ribosomale RNA ohne Mitwirkung von DNA zu synthetisieren.

2.14 <u>Während ihrer Synthese (vor evtl. Processing) zeigt eine RNA</u>

    a) Wachstum nur am 3'-Ende,

    b) Wachstum nur am 5'-Ende,

    c) Wachstum an beiden Enden,

    d) eine Triphosphatgruppe an einem Ende,

    e) je eine Triphosphatgruppe an jedem Ende,

    f) stets eine der Basen Adenin oder Guanin an einem Ende,

    g) stets eine der Basen Cytosin oder Uracil an einem Ende.

2.15 <u>Langlebige Messenger-RNA, d.h. solche von einigen Stunden Lebensdauer oder länger wurde nachgewiesen</u>

    a) in Tieren,

    b) in Pflanzen,

    c) in Bakterien.

2.16 <u>Reverse Transkriptasen synthetisieren</u>

    a) RNA nach dem Muster von DNA,

    b) RNA nach dem Muster von RNA,

    c) DNA nach dem Muster von RNA,

    d) DNA nach dem Muster von DNA;

<u>und kommen vor</u>

    e) in vielen tierischen Zellen,

    f) in allen Viren,

    g) in allen Tumorviren,

    h) in RNA-Tumorviren,

    i) in Escherichia coli.

2.17 <u>Durch elektronenmikroskopische Darstellung von
Komplexen aus Escherichia coli, die DNA, mRNA und
Ribosomen umfassen, konnte dargetan werden:</u>

    a) daß kein zweites Molekül RNA polymerase bei
der Transkription eines DNA-Abschnittes folgen
kann, ehe nicht die Transkription durch eine
erste RNA polymerase zu der vollen Länge der
mRNA geführt hat,

    b) daß Translation an einer mRNA bereits einsetzt,
bevor sie zu Ende synthetisiert ist,

    c) daß mehrere Ribosomen gleichzeitig an eine
mRNA gebunden sein können.

2.18 <u>Allen Arten von t-RNA sind drei endständige Nucleotide gemeinsam, und zwar stellen sie dar</u>

    a) die Erkennungsregion für das aktivierende
Enzym,

    b) die Anheftungsstelle für die zugehörige Ami-
nosäure,

    c) das Anticodon,

    d) das 3'-Ende der t-RNA.

2.19 <u>Eine bestimmte Aminoacyl-tRNA-Synthetase kataly-
siert in der Regel Reaktionen unter Beteiligung
von</u>

    a) einer spezifischen t-RNA,

    b) mehreren Aminosäuren,

    c) einer spezifischen Aminosäure,

    d) ATP,

    e) GTP.

2.20 <u>Dem Initiationskomplex der Protein-Biosynthese
(in Escherichia coli) gehören an</u>

    a) mindestens zwei Ribosomen,

    b) die 50 S-Untereinheit eines Ribosoms,

    c) die 30 S-Untereinheit eines Ribosoms,

    d) mindestens ein Molekül jeder t-RNA,

    e) f-met-t-RNA,

    f) Messenger-RNA,

    g) GTP.

2.21 <u>Die Ribosomen eines Polysoms sind verbunden durch</u>

a) Proteine,

b) verschiedene Moleküle mRNA,

c) ein einziges Molekül mRNA,

d) ribosomale RNA.

2.22 <u>Welches der folgenden vier Schlagworte ist die beste Darstellung unserer heutigen Kenntnis der Genfunktion?</u>

a) Ein Gen – ein Enzym,

b) ein Gen – eine Doppelhelix,

c) ein Gen – ein Polypeptid,

d) ein Gen – ein Nucleotid.

2.23 <u>Die Untersuchungen von mutierten Tryptophansynthe-tase-Proteinen in Escherichia coli haben eine wichtige Beziehung zwischen der genetischen Kar-te in diesem Gebiet und der Aminosäuresequenz des genannten Proteins aufgedeckt, und zwar:</u>

a) Ihre Komplementarität,

b) ihre Kolinearität,

c) ihre gegenseitige Unabhängigkeit,

d) die eindeutige Festlegung jeder Aminosäure durch je ein Nucleotid.

2.24 <u>Die Krankheit "Sichelzellen-Anämie" ist zurück-führbar</u>

a) auf einen dominanten genetischen Defekt des Menschen,

b) auf einen rezessiven genetischen Defekt des Menschen,

c) auf die Störung der menschlichen Hämoglobin-Synthese,

d) sechs gleichzeitige Aminosäurenaustausche im Hämoglobin,

e) der Austausch einer einzigen bestimmten Glu-taminsäure durch Valin in Hämoglobin,

f) letzteres erst in Verbindung mit stark pig-mentierter Haut.

2.25 <u>Isoenzyme unterscheiden sich voneinander</u>

    a) als Katalysatoren verschiedener chemischer Reaktionen am gleichen Substrat,

    b) als Katalysatoren gleicher bzw. analoger chemischer Reaktionen an verschiedenen Substraten,

    c) i.a. in regulatorischen Einzelheiten der von ihnen katalysierten Reaktionen,

    d) in der Aminosäuresequenz ihrer Polypeptidketten,

    e) oft in ihrer elektrophoretischen Beweglichkeit,

    f) stets in ihren Genorten,

    g) stets als Produkte verschiedener Allele eines Locus.

2.26 <u>Unter Genwirkketten versteht man das Zusammenwirken mehrerer Gene in der Weise, daß jeweils die Wirkung eines bestimmten Gens die Voraussetzung für das Wirken des nächstfolgenden Gens meist in Form eines biochemisch charakterisierbaren Substrates schafft. Genwirkketten in diesem Sinn wurden analysiert bei</u>

    a) der Biosynthese des Tryptophans in Escherichia coli,

    b) der Biosynthese des Tryptophans in Neurospora crassa,

    c) der Biosynthese des Tryptophans in Drosophila,

    d) dem Abbau des Tryptophans und seiner Umwandlung in Pigmente in Drosophila,

    e) der Biosynthese des Histidins in Salmonella typhimurium,

    f) der Morphogenese des Phagen T4,

    g) der Morphogenese des Tabakmosaikvirus.

2.27 <u>Wenn eine Mutante von Neurospora crassa, die auf Minimalmedium nicht wächst, auf Anthranilsäurezusatz hin wachsen kann, wächst sie dann auf</u>

    a) Minimalmedium + Tryptophan,

    b) Minimalmedium + Histidin,

    c) Minimalmedium + Indol,

    d) Minimalmedium + Phenylalanin.

2.28 Bei Phenylketonurie-Patienten fehlt ein Enzym, das verantwortlich ist für

    a) den Abbau des Tyrosins,

    b) die Umwandlung von Tyrosin in das Pigment Melanin,

    c) die Umwandlung von Phenylalanin in Tyrosin,

    d) die Ausscheidung von Phenylalanin durch die Niere,

    e) die Herstellung von Ketonkörpern im Stoffwechsel,

    f) die Biosynthese von Tryptophan.

2.29 Mangelmutanten in diploiden Organismen sind gewöhnlich

    a) dominant,

    b) rezessiv.

2.30 Welche Bedingungen sind notwendig, damit sogenannte Basenanaloge, d.h. Basen der Nucleinsäuren ähnliche chemische Verbindungen, mutagen wirken?

    a) Daß sie chemisch besonders reaktiv sind,

    b) daß sie im Stoffwechsel in Nucleinsäuren eingebaut werden,

    c) daß sie leichter eine tautomere Umwandlung durchmachen als die natürlichen Nucleinsäurebestandteile,

    d) daß mehrere von ihnen als Nachbarn in die DNA eingebaut werden,

    e) daß die sie enthaltenden Nucleinsäuren replizierbar sind.

2.31 Die mutagene Wirkung der salpetrigen Säure spielt sich ab

    a) an den Vorläufern der Nucleinsäuren vor ihrem Einbau,

    b) an den fertigen Nucleinsäuren selbst,

    c) durch Desaminierung von Guanin,

    d) durch Desaminierung von Cytosin,

    e) durch Desaminierung von Adenin.

2.32 Akridinfarbstoffe wirken mutagen in erster Line

    a) infolge der Verschiebung des Leserasters durch Fortfall eines Basenpaares,

    b) infolge der Verschiebung des Leserasters durch Einfügung eines Basenpaares,

    c) durch Umwandlung aller Purine in Pyrimidine,

    d) indem bei der Replikation Akridin-haltiger DNA jeweils große Gruppen von Nucleotiden gleichzeitig ausgeschieden werden.

2.33 Ist zur Auslösung einer Mutation die gleichzeitige Absorption von mehreren Röntgenquanten erforderlich?

2.34 Der Fortfall eines Stückes DNA aus einem Genom kann sich manifestieren:

    a) als Genmutation,

    b) als Chromosomenmutation,

    c) als Genommutation.

2.35 Für zwei Mutanten in dem gleichen Cistron ist kennzeichnend, daß sie

    a) nicht miteinander rekombinieren können,

    b) bei Paarung homologer Chromosomen einander genau gegenüber liegen,

    c) im Falle gleichzeitiger Anwesenheit beider Genome in einer Zelle sich nicht funktionell ergänzen können.

2.36 Hinweise dafür, daß eine bestimmte Mutation eine Deletion ist, sind

    a) eine hohe Reversionsrate,

    b) die Unfähigkeit, mit zwei verschiedenen Punktmutanten Rekombinationen zu bilden,

    c) eine nur unvollkommene Blockierung eines enzymatischen Schrittes.

2.37 Wo läßt sich eine frühe stammesgeschichtliche Genduplikation erschließen?

    a) Bei den Bar-Mutanten von Drosophila,

    b) bei den Genen der Tryptophansynthese in Neurospora,

    c) bei dem Gen der Phenylalaninhydroxylase des Menschen,

    d) in den Hämoglobin-Genen des Menschen.

2.38 Das Auftreten von Chromosomenringen bei Oeno-
     thera-Arten setzt voraus:

 a) Reciproke Translocationen,

 b) Chiasmabildung,

 c) Genduplikationen,

 d) Inversionen.

2.39 Ordne, soweit eindeutig möglich, die folgenden
     Begriffe nach dem Umfang des durch sie bezeich-
     neten Genoms:

 a) Diploid,

 b) tetraploid,

 c) haploid,

 d) euploid,

 e) polyploid,

 f) triploid.

2.40 Polyploide Pflanzen sind im allgemeinen

 a) nicht existenzfähig,

 b) größer als ihre diploiden Verwandten,

 c) besonders häufig anzutreffen in der Flora
    höherer Breiten,

 d) besonders häufig anzutreffen in der Flora
    der Täler,

 e) häufiger als polyploide Tiere.

2.41 Trotz ihres Wachstumsnachteils besteht großes
     Interesse an der Erzeugung haploider Pflanzen,
     weil

 a) sie besonders widerstandsfähig sind,

 b) Mutationen, auch rezessive, in ihnen leicht
    zu erzeugen bzw. zu erkennen sind,

 c) durch Rückführung der Haploiden in den di-
    ploiden Zustand für alle Gene homozygote Li-
    nien entwickelt werden,

 d) haploide Pflanzen wesentlich fertiler sind
    als diploide.

2.42 Welche der folgenden Merkmalskombinationen ent-
     sprechen dem sogenannten Turner bzw. Klinefelter-
     Syndrom?

 a) Männliches Erscheinungsbild, Chromosomenbild
    X O,

    b) weibliches Erscheinungsbild, Chromosomenbild
       X 0,

    c) männliches Erscheinungsbild, Chromosomenbild
       Trisomie 21,

    d) weibliches Erscheinungsbild, Chromosomenbild
       Trisomie 21,

    e) männliches Erscheinungsbild, Chromosomenbild
       X X Y,

    f) weibliches Erscheinungsbild, Chromosomenbild
       X X Y.

2.43 Echte Rückmutationen, d.h. Rückkehr zur selben
     Aminosäuresequenz, wie sie das zugehörige Protein vor dem ersten Mutationsschritt aufgewiesen hatte, wurden beobachtet

    a) bei der Phenylketonurie,

    b) bei der Tryptophansynthetase von Escherichia
       coli,

    c) bei der Sichelzellenanämie,

    d) bei praktisch allen untersuchten Mutanten.

2.44 Suppressormutationen. Ein durch Mutation bewirkter funktioneller Defekt kann häufig – außer
     durch Rückmutation – durch eine weitere Mutation aufgehoben werden. Kann in solchen Fällen die
     ursprüngliche Funktion hergestellt sein

    a) durch eine Verschiebung des Leserasters,

    b) durch Einführung einer dritten Aminosäure an
       der Stelle, wo sich "Wildtyp" und Mutantenprotein durch einen Aminosäureaustausch unterscheiden,

    c) durch eine Aminosäuresubstitution an einem
       von dieser Stelle entfernten Ort in demselben
       Protein,

    d) durch Vermeiden des Kettenabbruches, der in
       der Defektmutante vorgelegen hat?

2.45 <u>Für die sogenannte Dunkelreparatur von DNA sind
bisher folgende Faktoren als wesentlich erkannt
worden:</u>

a) Die Doppelstrangigkeit der DNA in dem geschä-
digten Bereich,

b) ein Enzym, das die Schadstelle erkennt und
dort als Endonuclease wirkt,

c) eine DNA-Polymerase, die von dem eben genannten Enzym verschieden ist,

d) eine Nuclease zur Beseitigung der Thymindi-
mere und einzelnder Nucleotide, die von den
eben genannten Enzymen verschieden ist,

e) eine Polynucleotidligase, die von den eben
genannten Enzymen verschieden ist.

2.46 <u>Welche der folgenden Erscheinungen sind mit dem
Vorgang der Meiose verknüpft?</u>

a) Das Crossing-over einzelner Chromosomen,

b) die zufallsmäßige Verteilung homologer Chromosomen auf Tochterzellen,

c) die völlig zufällige Verteilung aller vor-
handenen Chromosomen auf Tochterzellen,

d) die Entstehung von Gameten,

e) die Umwandlung eines haploiden in einen diploiden Chromosomensatz,

f) die Umwandlung eines diploiden in einen haploiden Chromosomensatz.

2.47 <u>Ordne die folgenden Stadien der Meiose nach ihrem zeitlichen Ablauf:</u>

a) Metaphase 1,

b) Prophase 2,

c) Pachytän,

d) Leptotän,

e) Diplotän.

2.48 <u>Mit welchen cytologisch feststellbaren Erscheinungen wird das genetisch feststellbare Crossing-
over in Zusammenhang gebracht?</u>

a) Der Bildung von Heterochromatin,

b) der Verdopplung des DNA-Gehaltes,

c) der Bildung der Chiasmata,

d) dem Sichtbarwerden des Spindelapparates.

2.49 **Die Mendel'schen Gesetze bringen zum Ausdruck, daß**

    a) die Vererbung von seiten der Mutter immer wirksamer ist als von seiten des Vaters,

    b) in der F_1-Generation jeweils ein einheitlicher Phänotyp bzgl. eines bestimmten Merkmales vorherrscht,

    c) die einzelnen Gene jeweils im Sinne einer "Alles-oder-nichts"-Entscheidung an einen einzelnen Nachkommen vererbt oder nicht vererbt werden,

    d) zwei bestimmte, voneinander verschiedene Gene jeweils entweder voneinander statistisch unabhängig oder mit großer Wahrscheinlichkeit gemeinsam vererbt werden.

2.50 **Rezessiv-geschlechtsgebundene Gene bei Menschen sind phänotypisch ausgeprägt**

    a) bei Männern und Frauen gleichermaßen,

    b) nur bei Frauen,

    c) nur bei Männern.

2.51 **Ein Heterokaryon entsteht**

    a) allgemein durch Zellteilung,

    b) aufgrund der Verschmelzung zweier Zellen bei völliger Vereinigung beider Kerne,

    c) bei völliger Verschmelzung zweier Zellen unter Aufrechterhaltung zweier separater Kerne,

    d) leicht bei gewissen Pilzen,

    e) leicht bei gewissen Bakterien.

2.52 **Auf mitotisches Crossing-over oder mitotische Non-Disjunction ist zu schließen bei**

    a) hoher Fruchtbarkeit einer bestimmten Rasse,

    b) hoher Mutationsrate in einer Population,

    c) dem Auftreten von Mosaiken (Ausprägung verschiedener Allele an verschiedenen Körperstellen),

    d) dem Auftreten von Riesenchromosomen.

2.53 <u>Somatische Hybridisierung genetisch verschiedener
tierischer Zellen</u>

a) ist ein in der Natur häufig vorkommender Vorgang,

b) kann experimentell zwischen Mäuse- und Men-
schenzellen herbeigeführt werden,

c) läßt sich zum Nachweis der Lage einzelner Gene
auf bestimmten Chromosomen verwenden,

d) ist auch zwischen Vogel- und Säugetierzellen
gelungen,

e) kann zur Expression vorher nicht exprimierter
Gene führen,

f) kann zur Bildung von Hybridenzymen führen.

2.54 <u>Welche der folgenden Mechanismen zwischen Bakterien setzen direkten Zellkontakt voraus?</u>

a) Transformation,

b) Transduktion,

c) Konjugation,

d) Sexduktion.

2.55 <u>Gibt es genetische Rekombinationen bei Bakterio-
phagen?</u>

a) Überhaupt nicht,

b) bei geeignetem Kontakt der Phagenpartikel,

c) bei gleichzeitiger Infektion eines Wirtsbac-
teriums durch mindestens zwei Phagen ähnli-
chen genetischen Grundtyps,

d) bei Infektion einer Wirtszelle durch irgend-
welche zwei Phagen.

2.56 <u>Welche der im folgenden beschriebenen Vorgänge
sind Wirklichkeit im Sinne von Techniken und Er-
folgen des "genetic engeneering"?</u>

a) Rekombination von Eukaryoten- mit Prokaryoten-
DNA in vivo,

b) Rekombination von Eukaryoten- mit Prokaryoten-
DNA in vitro,

c) Benützung bakterieller Plasmide als Vektoren
eukaryotischer Gene,

d) Vervielfältigung einzelner eukaryoter Gene in
Prokaryoten,

e) Benützung von Bakterienviren zur Vermehrung
gewünschter Gene,

f) Expression von beliebigen Säugetiergenen in
   Escherichia coli.

2.57 <u>Welche Zellorganellen außer dem Zellkern sind
     inzwischen als Träger selbstständiger Erbanlagen
     erkannt worden?</u>

a) Ribosomen,

b) Chloroplasten,

c) Mitochondrien,

d) Lysosomen,

e) der GOLGI-Apparat.

2.58 <u>Das Jacob-Monod-Modell der Genregulation bein-
     haltet:</u>

a) Kontrolle der Transkription,

b) direkte Kontrolle der Translation,

c) eine wesentliche Protein-DNA-Wechselwirkung,

d) eine kovalente chemische Änderung der DNA,

e) allosterische Änderung von regulatorischen
   Proteinen,

f) eine Operatorregion auf der DNA als Angriffs-
   punkt der Kontrolle,

g) eine Promotorregion als notwendige Voraussetzung der Transkription,

h) eine einheitliche prinzipielle Erklärung für
   Substratinduktion und Endprodukt-Repression.

2.59 <u>Unter positiver Kontrolle, wie am Beispiel des
     Arabinoseoperons versteht man</u>

a) Substratinduktion als solche,

b) Substratinduktion, bei der ein Promotor nur
   in Anwesenheit eines bestimmten Proteins funk-
   tioniert.

2.60 <u>Die Kontrolle der Genaktivität in höheren Pflan-
     zen und Tieren unterscheidet sich von der in den
     Bakterien dadurch, daß</u>

a) die gesamte Kontrolle in ersteren auf der
   Ebene der Translation sich abspielt,

b) die Regelung des Proteinabbaues eine wesentliche Rolle spielt,

c) es keine Substratinduktionen in ihnen gibt,

d) oft nur in gewissen zellulären Entwicklungs-
   phasen Induktion möglich ist.

2.61 **Die GABA-Gene bei Aspergillus nidulans**

    a) bilden ein Operon im Sinne von Jacob und Monod,

    b) liegen auf verschiedenen Chromosomen,

    c) sind alle konstitutiv,

    d) können alle durch Mutationen in einem Gen inaktiviert werden.

2.62 **Sind Histone spezifische Repressoren eukaryotischer Transcription?**

2.63 **Sequenzen mit mittlerer Repetition**

    a) finden sich in der DNA aller Organismen,

    b) treten typisch in Eukaryoten-DNA auf,

    c) finden sich zwischen einmaligen Sequenzen verstreut,

    d) lassen sich von Satteliten-DNA durch Renaturierungsversuche differenzieren,

    e) umfassen auch die Strukturgene für Histone,

    f) umfassen auch die Strukturgene für Hämoglobin.

3. Fortpflanzung und Sexualität

3.1 Welches sind obligatorische Voraussetzungen für eine Fortpflanzung bei Eukaryoten?

a) Eigener Stoffwechsel,

b) Sexualität,

c) identische Reduplikation der DNS,

d) Individualisierung der lebenden Substanz,

e) Differenzierung in Soma und Keimbahn.

3.2 Kann im Zuge eines Fortpflanzungsvorganges die Individuenzahl

a) vermehrt werden,

b) vermindert werden,

c) unverändert bleiben?

3.3 Welche Zellen sind potentiell unsterblich?

a) Amoebe,

b) Vorderpol-Zelle von Pleodorina,

c) Metazoen-Spermium,

d) I (interstitielle)-Zelle von Hydra,

e) Follikelzelle aus einem Ovarium,

f) befruchtetes, noch ungefurchtes Metazoen-Ei.

3.4 Eine Generation nennt man

a) Ausschnitt aus der zyklischen Entwicklung eines Organismus, der von Fortpflanzungsprozessen begrenzt ist,

b) Teil der Keimbahn,

c) Abschnitt der geschlechtlichen Fortpflanzung,

d) Teil der aus der Urkeimzelle entstehenden Somazellen, in denen das Keimplasma lokalisiert ist.

3.5 <u>Wodurch ist der Sexualprozess bei allen Eukary-
    oten charakterisiert?</u>

a) Befruchtung,

b) Mitose,

c) Vermehrung der Individuen,

d) Meiose,

e) bipolare Differenzierung,

f) Produktion von Eiern,

g) Begattung,

h) Kernphasenwechsel.

3.6 <u>Was ist Kernphasenwechsel?</u>

a) Abfolge der Kernteilungsstadien im Verlauf
   einer Mitose,

b) Wechsel zwischen geschlechtlicher und unge-
   schlechtlicher Generation,

c) Wechsel zwischen haploidem und diploidem Chro-
   mosomenbestand,

d) Spiralformwechsel der Chromosomen.

3.7 <u>Bei welchem Typ des Kernphasenwechsels erfolgt
    die Meiose zygotisch?</u>

a) Diplontisch,

b) haplontisch,

d) diplohaplontisch.

3.8 <u>Bei dem Diplonten</u>

a) vollzieht sich in der diploiden Zygote als
   erste die Meiose, die bei der Teilung sofort
   haploide Zellen liefert,

b) vollzieht sich die Entwicklung in der Diplophase und nur die Gameten sind haploid,

c) ist die Reduktionsteilung zygotisch und liefert diploide Zellen,

d) entsteht aus der Zygote zunächst eine diploide Generation, welche bei Eintritt der Meiose Agameten liefert, aus denen jeweils ein
   haploider Organismus heranwächst.

3.9 <u>Welche Tiere sind Diplohaplonten?</u>

a) Ciliaten,

b) Sporozoen,

c) Foraminiferen,

d) Schwämme.

3.10 <u>Liegt bei Isogamie eine bipolare geschlechtli-
che Ausprägung vor?</u>

3.11 <u>Worin liegt die biologische Bedeutung der Sexu-
alität für die Arterhaltung?</u>
    a) Genetische Um(Re)-kombination,

    b) gesteigerte Vermehrung,

    c) eingeschränkte Vermehrung,

    d) natürliche Zuchtwahl.

3.12 <u>Entstehen Agameten immer auf mitotischem Wege?</u>

3.13 <u>Was ist ein Agamont?</u>
    a) Sexuell nicht differenziertes Fortpflanzungs-
produkt,

    b) Eizelle, die sich unbefruchtet entwickelt,

    c) Protozoen-Zelle, die durch Teilung Agameten
hervorbringt,

    d) Organismus ohne Sexualität.

3.14 <u>Auf welche Weise erfolgt die ungeschlechtliche
Fortpflanzung</u>
    a) bei dem Phytoflagellaten Eudorina,

    b) bei dem Suctor Ephelota,

    c) beim Süßwasserpolypen Hydra,

    d) bei Schlupfwespen (z.B. Ageniaspis),

    e) monocytogen, äquale Zweiteilung,

    f) monocytogen, inäquale Vielfachteilung,

    g) monocytogen, äquale und sukzedane Vielfach-
teilung,

    h) polycytogen, Knospung,

    i) polycytogen, Querteilung,

    j) polycytogen, Längsteilung,

    k) polycytogen, Vielfachteilung
des Embryos.

3.15 Bei welchen Tieren kommt vegetative Fortpflanzung (polycytogene F.) vor?

a) Amoebe,

b) Süßwasser-Schwamm,

c) Gürteltier (Säuger),

d) Flagellat Trypanosoma,

e) Bandwurm Echinococcus,

f) Reblaus,

g) Coccid Eimeria.

3.16 Zwischen welchen Phaenomenen und der vegetativen Fortpflanzung bestehen mehr oder weniger enge Beziehungen?

a) Regeneration,

b) Parthenogenese,

c) Stockbildung,

d) Überdauern ungünstiger Perioden.

3.17 Klone sind

a) Knospen-Mutationen,

b) vegetative Vermehrungsorgane,

c) aus Bulbillen entstehende Pflanzen,

d) mehrere Individuen, die durch vegetative Vermehrung von einer Mutterpflanze abstammen und erbgleich sind.

3.18 Die Ascosporen bei den Pilzen (Ascomyceten) sind

a) Mitosporen,

b) Meiosporen,

c) Konidiosporen,

d) Aplanosporen.

3.19 Welche Termini treffen für die Gamogonie folgender Protozoen zu?

a) Flagellat Chlamydomonas eugametos,

b) Flagellat Trichonympha,

c) Gregarine Stylocephalus,

d) Foraminifer Patellina,

e) Foraminifer Myxotheca,

f) Ciliat Chilodonella;

g) Hologamie,

h) Merogamie,

i) Isogametie,

j) Anisogametie,

k) Gametogamie,

l) Gamontogamie,

m) Oogametie.

3.20 <u>Was sind Gamone?</u>

a) Geschlechtsbestimmende Substanzen,

b) Stoffe, die die Gametenbildung anregen,

c) von den Gameten gebildete Wirkstoffe, die bei
der Gameten-Verschmelzung eine Rolle spielen,

d) Befruchtungsstoffe,

e) Duftstoffe, mit denen sich männliche und weibliche Individuen anlocken.

3.21 <u>Welcher Vorgang ist essentieller Bestandteil aller Befruchtungsprozesse?</u>

a) Gameten-Kopulation,

b) Cytogamie,

c) Besamung,

d) Begattung,

e) Abgabe der Gameten ins Außenmedium.

3.22 <u>Gibt es eine vollständige Befruchtung ohne Karyogamie?</u>

3.23 <u>Welche Kernphase liegt beim konjugierenden Ciliaten vor</u>

a) im Makronukleus,

b) im Mikronukleus,

c) im Wanderkern,

d) im Synkaryon;

e) haploid,

f) diploid,

g) polyploid?

3.24 <u>Sind die isogamontischen Ciliaten Zwitter?</u>

3.25 <u>Gametangiogamie wird induziert durch</u>

a) chemotropisch gerichtete Wachstumsprozesse,

b) Übergang vom Wasserleben zum Landleben,

c) durch Rückbildung des Geschlechtsprozesses innerhalb der Pilze und Verlust der freien Beweglichkeit der Geschlechtszellen,

d) Fusion ganzer Geschlechtsorgane (Gametangien).

3.26 <u>Trichogynen sind</u>

a) an den weiblichen Organen (Ascogonen) der Pilze und auf den Karpogonen der Rotalgen gebildete Empfängnisschläuche,

b) Hyphenenden, die die Funktion der männlichen Organe übernehmen,

c) vegetative Mycelfäden, die die Kopulation (Somatogamie) einleiten,

d) Kopulationszellen des Ascus bei den Hefen.

3.27 <u>Mit der Schnallenbildung bei den Basidiomyceten</u>

a) wird die dikaryotische Phase eingeleitet,

b) wird die Paarkern-Mycel-Bildung abgeschlossen,

c) wird der dikaryotische Zustand bei jedem Teilungsschritt aufrecht erhalten,

d) wird die Rückbildung der Sexualorgane unterbunden.

3.28 <u>Bei den Farnen ist das Prothallium (Vorkeim)</u>

a) der Gametophyt, auf dem die weiblichen bzw. weiblichen und männlichen Geschlechtsorgane entstehen,

b) der Ort der Gametangiogamie,

c) ein Geflecht von Hyphen (Protonema), an dem sich aus Knospen die Gametangien entwickeln,

d) das Organ, an dessen Unterseite die Sporangien entstehen.

3.29 <u>Das Mikrosporophyll bei den heterosporen Farnen ist homolog mit</u>

a) dem Fruchtblatt bei den Spermatophyten,

b) dem Mikroprothallium bei den isosporen Farnen,

c) dem Staubblatt der Samenpflanzen,

d) den Mikrophyllen der Urfarne.

3.30 Bei der Befruchtung der Angiospermen sind die beiden Partner Pollenkorn und Embryosack. Die männliche Geschlechtszelle erreicht die Eizelle

a) indem das Pollenkorn durch den Griffelkanal nach unten auf den Nucellusscheitel fällt,

b) indem der männliche Kern aus dem Pollenkorn durch die Mikropyle in das Ovarium schlüpft,

c) durch aktive Bewegung des männlichen Gametophyten zum Fruchtknoten,

d) mittels eines schlauchförmigen Befruchtungsorgans, dessen Inhalt in eine der Synergiden entleert wird.

3.31 Die Samenanlagen der höheren Pflanzen werden auf der Oberseite der Fruchtblätter durch ein besonderes Bildungsgewebe, die Plazenta, gebildet. Die Plazenta

a) verhindert den Abort der sterilen Samenanlage,

b) ist mit Leitbündeln versehen und sorgt für die Zuleitung von Nährstoffen bei der Samenentwicklung,

c) reguliert den Befruchtungsvorgang,

d) entsteht durch Verwachsung der Karpelle zu einem Fruchtknoten.

3.32 Bei den Angiospermen erfolgt die Entwicklung des Embryosackes nach verschiedenen Schemata, die für bestimmte systematische Gruppen charakteristisch sind. Der Normal-Typ der Entwicklung

a) ist durch Reduktion der Teilungsschritte charakterisiert,

b) ist gekennzeichnet durch Ausbleiben der Phragmoblastenbildung,

c) hat eine gestörte Polarisierung,

d) entsteht durch drei aufeinanderfolgende mitotische Teilungsschritte des primären Embryosack-Kernes, in dem sich die acht Kerne in typischer Weise arrangieren.

3.33 Die Blütenstaubkörner (Pollen) entstehen

a) als Tetraden durch meiotische Teilung aus Pollenmutterzellen,

b) sukzedan aus dem Archespor der Pollensäcke,

c) durch Einlagerung von Kallose-Wänden in den Dyaden,

d) nach Beendigung der Prophase aus dem Tapetum.

3.34 <u>Unter Bestäubung versteht man</u>

a) die staubförmige Verbreitung des Pollens,

b) eine durch den Wind verursachte Übertragung von Pollinien,

c) die Übertragung der Pollenkörner auf den weiblichen Empfängnisapparat,

d) die ökologischen Voraussetzungen für das Zustandekommen der Befruchtung.

3.35 <u>Bei der Entomophilie</u>

a) dienen Insekten als Vektoren für die Pollenübertragung,

b) wird der Pollen zur Bestäubung endogen appliziert,

c) besteht eine Beziehung zwischen dem inneren Ort der Bestäubung und der Befruchtung,

d) handelt es sich um eine phylogenetisch ältere Anpassungserscheinung.

3.36 <u>Der Mechanismus der Zoophilie ist gekennzeichnet durch</u>

a) das Aufspringen der Antheren in Form einer Staubwolke,

b) durch spezielle Vorrichtungen, die das Verhältnis Gewicht/Volumen der Pollen verkleinern,

c) wechselseitige Anpassung zwischen Blüten und Vektoren in morphologischer und biochemischer Hinsicht,

d) duftlose weibliche Blüten.

3.37 <u>Die progame Phase bei der Befruchtung der Angiospermen</u>

a) umfaßt die Teilschritte des Fusionsprozesses,

b) dauert vom Eindringen des Pollenschlauches in eine Synergide bis zur Bildung des Endospermkernes,

c) besteht aus den Teilschritten: Keimung des Pollenkorns, Wachstum des Pollenschlauches im Griffel und Eindringen desselben in den Fruchtknoten,

d) ist vergleichbar dem patting bei den Vertebraten.

3.38 <u>Das Auffinden der Samenanlagen im Fruchtknoten</u>
      <u>erfolgt</u>

    a) durch chemotrop orientiertes Wachstum der Pol-
         lenschlauchspitzen im Fruchtknoten,

    b) durch elektrische Anziehung von Ei- und Sper-
         makernen,

    c) durch selektive Befruchtung,

    d) durch unterschiedliche Wachstumsgeschwindigkeit
         der Pollenschläuche.

3.39 <u>Unter doppelter Befruchtung versteht man</u>

    a) die Verzögerung der Syngamie durch eine lang-
         dauernde progame Phase,

    b) die Fusion eines Spermakernes mit dem Eikern
         und des anderen Spermakernes mit dem sekun-
         dären Embryosack-Kern,

    c) die Kopulation des männlichen Gameten mit dem
         diploiden Eikern,

    d) das Eindringen von 2 Pollenschläuchen in eine
         Eizelle.

3.40 <u>Der Fadenapparat</u>

    a) ist eine fädige Struktur, der das Durchbrechen
         der Integumente durch den herannahenden Pol-
         lenschlauch abfängt,

    b) fördert das endotrophe Wachstum der Pollen-
         schläuche,

    c) ist die verdickte Mittelwand der an der Spitze
         des Embryosackes liegenden Synergiden, der
         außerdem als Orientierungshilfe für die heran-
         nahenden Pollenschläuche durch Aufbau eines
         chemotropen Gradienten dient,

    d) wird bei der Demaskierung der im Pollen mit-
         geführten Messenger-RNA freigesetzt und ist
         dann funktionslos.

3.41 <u>Das sekundäre Endosperm bei den Angiospermen ent-</u>
      <u>steht</u>

    a) aus dem triploiden Endospermkern,

    b) durch Anhäufung von Nährstoffen im Prothallium,

    c) durch rasche Kernteilungen der Zentralzelle,

    d) infolge Polyploidisierung des primären Endo-
         sperms.

3.42 <u>Der Samen</u>

    a) ist das Resultat der Anhäufung von Reserve-
       stoffen im Embryo,

    b) umfaßt alle Organe, die aus der Samenanlage
       entstehen,

    c) umfaßt die Organe, die aus dem Fruchtknoten
       entstehen,

    d) ist ein Zwischenprodukt der Gametophytenbe-
       fruchtung.

3.43 <u>Bei der homogenischen Inkompatibilität wird stets
dann eine erfolgreiche Befruchtung verhindert,
wenn</u>

    a) die beteiligten Individuen an allen Inkompati-
       bilitätsloci gleiche Allele haben,

    b) multiple Allelie vorliegt,

    c) die Kreuzungspartner verschiedene S-Allele
       besitzen,

    d) eine spezifische chemotrope Reaktion der Sa-
       menanlagen zu den Pollenschläuchen auftritt.

3.44 <u>Die Pollenkeimung auf der Oberfläche der Narbe
ist</u>

    a) Voraussetzung für erfolgreiche Befruchtung
       bei den Gymnospermen,

    b) eine Befruchtungsbarriere,

    c) nur nach illegitimer Bestäubung zu beobachten,

    d) gegeben, wenn das Pollenkorn Wasser aufgenom-
       men hat und der Pollenschlauch die Exine
       (äußere Pollenwand) durchbrochen hat.

3.45 <u>Welche Strukturen des Spermiums erfüllen welche
Funktionen?</u>

    a) Kern,

    b) Akrosom,

    c) Centriol,

    d) Mitochondrien,

    e) Geißel;

    f) Fortbewegung,

    g) Eindringen in das Ei,

    h) Übertragung der väterlichen Erbinformation,

    i) Aufbau des Spindelapparates für die erste
       Furchungsmitose.

3.46 Aus welchen Zellstrukturen der Spermatide entsteht während der Spermiocytogenese das Akrosom?

a) Zellmembran,

b) Grundcytoplasma,

c) Kern,

d) Mitochondrien,

e) Ribosomen,

f) endoplasmatisches Retikulum,

g) GOLGI-Apparat,

h) Centriole.

3.47 Welche Zellen im Hoden der Wirbeltiere produzieren das Sexualhormon Testosteron?

a) Spermatogonien,

b) Spermatiden,

c) reife Spermien,

d) Sertoli-Zellen,

e) Wandzellen der Samenkanälchen,

f) Leydig'sche Zwischenzellen.

3.48 In welchem Stadium vermehren sich die weiblichen
Keimzellen der Metazoen mitotisch?

a) Urkeimzellen,

b) Oogonien,

c) Oocyten I.Ordnung,

d) Oocyten II. Ordnung,

e) reife Eier.

3.49 Wovon hängt die Größe der reifen Eizelle hauptsächlich ab?

a) Chromosomenzahl,

b) Cytoplasmamenge,

c) Kerngröße,

d) Dottermenge,

e) Organisationshöhe der Tierart.

3.50 <u>Wielange vermehren sich die Oogonien im Ovar eines Säugetieres mitotisch?</u>

    a) Bis zur Geburt,

    b) bis zum Eintritt der Geschlechtsreife,

    c) bis zum Erlöschen der Geschlechtsfunktionen,

    d) bis zum Tode.

3.51 <u>In welchem Zustand befinden sich die Chromosomen der Oocyte I während ihrer Wachstumsphase?</u>

    a) Interphase,

    b) mitotische Prophase,

    c) meiotische Prophase,

    d) Metaphase I der Meiose,

    e) Interkinese.

3.52 <u>Woher stammt bei den Wirbeltieren das weibliche Sexualhormon Progesteron?</u>

    a) Oocyte

    b) de Graaf'scher Follikel,

    c) Corpus luteum,

    d) Bindegewebe des Ovars,

    e) Plazenta.

3.53 <u>Worum handelt es sich bei dem sogenannten "Eiweiß" des Hühnereies?</u>

    a) Bestandteil der Eizelle,

    b) Nährflüssigkeit für den Embryo,

    c) Sekret des Ovidukts,

    d) Derivat des Follikels,

    e) sekundäre Eihülle,

    f) tertiäre Eihülle.

3.54 <u>Wie wird die Besamung der Eier herbeigeführt</u>

    a) beim Palolowurm (Eunice viridis),

    b) bei Cephalopoden,

    c) bei Spinnen (Araneae),

    d) bei Molchen?

    e) Begattung mittels Penis,

    f) Begattung mittels Extremität,

    g) äußere Anheftung von Spermatophoren,

h) Aufnahme einer Spermatophore in die weibliche Geschlechtsöffnung,

i) koordinierte Ei- und Spermaabgabe ins Außenmedium,

j) unkoordinierte Ei- und Spermaabgabe ins Außenmedium.

3.55 <u>In welchem Stadium befindet sich die Eizelle der Wirbeltiere, wenn sie besamt wird?</u>

a) haploides, reifes Ei,

b) Oocyte in Metaphase II,

c) Oocyte in Interkinese,

d) Oocyte in Metaphase I,

e) Oocyte in Prophase,

f) Oogonie.

3.56 <u>Welche Strukturen in Ei und Spermium sind an der Verschmelzung (Cytogamie) derselben beteiligt?</u>

a) Spermienkern,

b) Akrosom,

c) Mittelstück des Spermiums,

d) Geißel des Spermiums,

e) endoplasmatisches Retikulum des Eies,

f) Oolemma (Zellmembran des Eies),

g) corticales Eiplasma,

h) Zellmembran des Spermiums,

i) sekundäre Eihülle.

3.57 <u>Dringt im Zuge der Befruchtung des Metazoen-Eies</u>

a) das Spermien-Mittelstück,

b) der Spermienschwanz,

<u>im allgemeinen mit in das Ei ein?</u>

3.58 <u>Worin besteht die Akrosom-Reaktion?</u>

a) Freisetzung eines lytischen Enzyms,

b) Ausbildung eines oder mehrerer Filamente am Spermienkopf,

c) Öffnung eines Akrosombläschens,

d) Aktivierung des Spermien-Centriols,

e) Beschleunigung des Schlages der Spermiengeißel.

3.59 <u>Woraus besteht beim Seeigel-Ei die Befruchtungs-membran?</u>

    a) Endoplasmatisches Retikulum,

    b) Oolemma,

    c) Inhalt von Vakuolen in der Eirinde,

    d) GOLGI-Apparat,

    e) sekundäre Eihülle.

3.60 <u>Worin unterscheidet sich der männliche Vorkern vom Spermienkern?</u>

    a) Größe,

    b) Dichte der Chromosomen-Packung,

    c) Spiralisierungsgrad der Chromosomen,

    d) Affinität zum Eikern,

    e) Kernphase.

3.61 <u>Unter Apomixis bei Pflanzen versteht man</u>

    a) ungeschlechtliche Vermehrung, die nicht mit Zell- und Gameten-Verschmelzung verbunden ist,

    b) die Entwicklung einer Eizelle ohne Befruch-tung,

    c) die Entstehung eines Embryos aus einer Syn-ergide,

    d) die Fusion von zwei Spermazellen im Pollen-schlauch.

3.62 <u>Welcher Typ von rückgebildetem Sexualprozeß kommt vor bei</u>

    a) Foraminifer Rotaliella,

    b) Heliozoon Actinophrys,

    c) Ciliat Paramaecium,

    d) Flagellat Barbulanympha?

    e) Autogamie,

    f) Paedogamie (im strengen und im weiteren Sinne),

    g) Parthenogenese,

    h) Endomitose.

3.63 <u>Welcher Vorgang entfällt bei merospermer Befruch-tung des Eies von Rhabditis monohystera?</u>

    a) Begattung,

    b) Besamung,

    c) Eindringen des Spermiums in das Ei,

d) Aktivierung des Spermien-Centriols,

e) Karyogamie.

3.64 <u>Wo kommt fakultative, haploide Parthenogenese
vor?</u>

a) Biene,

b) Reblaus,

c) Rädertierchen,

d) Salinenkrebs Artemia,

e) Sporozoon Eucoccidium.

3.65 <u>Ist diploide Parthenogenese und Agamogonie identisch?</u>

3.66 <u>Beim homophasischen Generationswechsel der Pflanzen sind</u>

a) die Kernphasen der Gameten- und Agameten-er-
zeugenden Generationen verschieden,

b) Gametophyt und Sporophyt isomorph,

c) Gametophyt und Sporophyt heteromorph,

d) alle Generationen hinsichtlich ihrer Kern-
wert-Verhältnisse (haploid – diploid) gleich.

3.67 <u>Mit welchem Begriff ist das Alternieren verschiedener Fortpflanzungsarten zu bezeichnen bei</u>

a) Malaria-Erreger Plasmodium,

b) Foraminiferen,

c) Süßwasserpolyp Hydra,

d) Scyphomeduse Aurelia,

e) Reblaus?

f) Primärer, heterophasischer Generationswechsel,

g) primärer, haplo- homophasischer Generationswechsel,

h) Heterogonie (sekundärer GW),

i) Metagenese (sekundärer GW),

j) Fortpflanzungswechsel.

3.68 <u>Bei welchen Tieren kommt Metagenese vor?</u>

    a) Salpen,

    b) Coccidien,

    c) Blattläuse,

    d) Hydrozoen,

    e) Bienen,

    f) Rotatorien,

    g) Polychaet Autolytus,

    h) Scyphozoen,

    i) Bandwurm Echinococcus,

    j) Schlupfwespen.

3.69 <u>Pflanzen werden hermaphrodit genannt, wenn</u>

    a) ein Individuum sowohl männliche als auch weibliche Organe trägt,

    b) zunächst die männlichen Organe reif sind und zu einem späteren Zeitpunkt die weiblichen Organe empfängnisfähig werden,

    c) Vorweiblichkeit vorliegt,

    d) dikline Blüten homomorph werden.

3.70 <u>Dichogamie ist ein Mechanismus, der</u>

    a) Selbstbefruchtung fördert,

    b) Selbstbefruchtung erschwert,

    c) kennzeichnend ist für dikline Blüten,

    d) nur bei streng unisexuellen diözischen Arten vorkommt.

3.71 <u>Man kann bei Kreuzungsexperimenten mit Sicherheit Selbstbestäubung verhindern durch</u>

    a) Einhüllen der Blüten der pollenliefernden Pflanzen, sodaß Insektenbesuch unmöglich wird,

    b) Entfernung von Antheren und Griffel nach der Anthese,

    c) Kastration (Herausnehmen der unreifen Antheren) vor der Öffnung der Blüten,

    d) künstliche Kreuzbestäubung sofort nach dem Öffnen der Blüten.

3.72 <u>Welcher Typ von Geschlechtsverteilung liegt vor
bei</u>

   a) Bandwurm Taenia,

   b) Salpen,

   c) Nematode Ascaris?

   d) Diözie,

   e) simultane Monözie,

   f) Proterandrie,

   g) Proterogynie.

3.73 <u>Was ist bisexuelle Potenz?</u>

   a) Die Fähigkeit, sowohl männliche als auch
      weibliche Keimzellen zu produzieren,

   b) die prinzipielle Möglichkeit, weibliche und/
      oder männliche Merkmale auszubilden,

   c) der Besitz von Genen, die eine Entwicklung in
      männlicher und/oder weiblicher Richtung ermög-
      lichen,

   d) die Fähigkeit, bei der Kopulation wahlweise
      als weiblich oder männlich zu fungieren.

3.74 <u>Geht die bisexuelle Potenz von diözischen Tieren
durch die Geschlechtsbestimmung irreversibel verloren?</u>

   a) Ja, immer,

   b) ja, bei manchen Tieren,

   c) ja, teilweise,

   d) nein.

3.75 <u>Was ist Geschlechtsbestimmung?</u>

   a) einseitige Beschränkung der bisexuellen Po-
      tenz hinsichtlich ihrer phaenotypischen Aus-
      wirkung,

   b) Festlegung des Geschlechts eines Individuums
      auf Lebenszeit,

   c) Ausdifferenzierung der männlichen oder weib-
      lichen Geschlechtsorgane,

   d) alternative Realisation der männlichen oder
      weiblichen Ausprägung,

   e) Untersuchung des genetischen Geschlechts eines
      Embryos an Hand seines Chromosomenbestandes.

3.76 <u>Welche Kernphase ist in ihrem Phaenotyp ge-
schlechtlich geprägt bei</u>

a) Sporozoen (Haplonten),

b) Foraminiferen (Diplohaplonten),

c) Metazoen (Diplonten)?

d) Haplophase,

e) Diplophase.

3.77 <u>Wann erfolgt die diplogenotypische Geschlechtsbestimmung bei</u>

a) Heterogametie männlich,

b) Heterogametie weiblich?

c) Progam,

d) syngam,

e) metagam.

3.78 <u>Wieviele hinsichtlich ihres Heterochromosomen-
Bestandes verschiedene Spermiensorten gibt es
bei</u>

a) Säugetieren,

b) Vögeln,

c) Drosophila?

3.79 <u>Auf welche Weise, wie genau und bei welchen Anzahlen kommt im Falle männlicher Heterogametie
das 1:1-Verhältnis zustande?</u>

a) Bei den X- und Y-Spermien,

b) bei den XX- und XY-Zygoten?

c) statistisch (zufallsgemäß),

d) in jedem Einzelfall exakt,

e) durch Paarung und Trennung der homologen Chromosomen in der Meiose,

f) durch gleiche Wahrscheinlichkeit der beiden
möglichen Gametenkombinationen,

g) durch exakte Verteilung der Chromosomen in der
Mitose,

h) nur angenähert 1:1,

i) genau 1:1,

j) nur bei großen Anzahlen (Größenordnung 10^2
bis 10^3,

k) bei 2,

l) bei 4,

m) bei 16.

3.80 Wo liegen die M-Realisatoren bei Drosophila?

a) Autosomen,

b) X-Chromosom,

c) Y-Chromosom,

d) Cytoplasma.

3.81 Welche genetische Konstitution bewirkt eine im Prinzip männliche Ausprägung

a) bei Drosophila,

b) beim Menschen?

c) XO + 2 Autosomensätze,

d) XX + 2 Autosomensätze,

e) XY + 2 Autosomensätze,

f) XXY + 2 Autosomensätze,

g) XX + 3 Autosomensätze.

3.82 Aus welchem Grunde besitzen bei Blattläusen alle befruchteten Eier gleichermaßen die weibliche Konstitution 2X?

a) Von den beiden Spermiensorten gelangt durch Selektion bei der Besamung nur diejenige mit X zur Befruchtung,

b) nur Spermatiden mit X entwickeln sich überhaupt zu funktionsfähigen Spermien,

c) Weibchen und Männchen sind gleichermaßen homogametisch.

3.83 Wie wird das Geschlecht bei der Biene bestimmt?

a) Modifikatorisch,

b) durch einen XY-Mechanismus,

c) durch die Kernphase,

d) durch Homo-(bzw. Hemi-) oder Heterozygotie eines Gens.

3.84 Wie heißt ein Tier, das mosaikartig aus Zellen mit unterschiedlichem Bestand an Geschlechtsrealisatoren zusammengesetzt ist?

a) Geschlechts-Chimaere,

b) Intersex,

c) Gynander,

d) Zwitter.

3.85 <u>Auf welche Weise kommt ein Halbseiten-Gynander</u>
<u>bei Drosophila zustande?</u>

    a) Verlust eines X-Chromosoms in der 1.Furchungs-
       teilung,

    b) Doppelbefruchtung von Ei- und Richtungskern,

    c) neben dem Zygotenkern nimmt ein überzähliger
       männlicher Vorkern an der Entwicklung teil,

    d) Störung im Sexualhormon-Haushalt.

3.86 <u>Bei welchen Arthropoden sind Sexualhormone nach-</u>
<u>gewiesen?</u>

    a) Leuchtkäfer Lympyris,

    b) Drosophila,

    c) Biene,

    d) Flohkrebs Orchestia,

    e) höhere Krebse (Malacostraca) allgemein,

    f) Kreuzspinne Araneus.

3.87 <u>Zu welcher Stoffklasse gehören die Sexualhormone</u>
<u>der Wirbeltiere?</u>

    a) Catecholamine,

    b) Aminosäuren,

    c) Peptide,

    d) Proteine,

    e) Glykoproteine,

    f) Fettsäure-Ester.

3.88 <u>Wodurch lassen sich genetisch weibliche Larven</u>
<u>in männliche verwandeln</u>

    a) beim Wasserfrosch Rana,

    b) beim Krallenfrosch Xenopus,

    c) beim Axolotl Ambystoma?

    d) Durch Behandlung mit Testosteron,

    e) durch vorübergehende einseitige Implantation
       einer Hodenanlage,

    f) durch Kastration,

    g) durch Behandlung mit Hypophysin.

3.89 <u>Wo tritt "testiculäre Feminisierung" auf und was</u>
<u>bedeutet sie?</u>

    a) Als allgemeines Merkmal bestimmter Mäusearten,

b) als eine bei Mäusen auftretende Mutante,

c) ein autosomal erbliches Merkmal,

d) Folge eines defekten Y-Chromosoms,

e) Folge der fehlenden Synthese von Östradiol,

f) Folge der fehlenden Synthese von Testosteron,

g) Folge des Fehlens von Hormonreceptoren,

h) Ausfall der Hodenbildung,

i) ein weibliches Erscheinungsbild eines chromosomgenetisch männlichen Individuums,

j) eine menschliche Erbkrankheit.

3.90 Was wird von den in der Säugetier-Gonade gebildeten Sexualhormonen beeinflußt?

a) Sekundäre Geschlechtsmerkmale,

b) Geschlechtsapparat,

c) Geschlechtschromosomen-Bestand in den Körperzellkernen,

d) Sexualverhalten,

e) Proliferation der Uterus-Schleimhaut,

f) Ausschüttung der gonadotropen Hormone des Hypophysen-Vorderlappens,

g) Ausprägung geschlechtsgebunden vererbter Merkmale (z.B. Bluterkrankheit).

4. Entwicklung

4.1 <u>Phylogenie ist</u>

a) Entwicklung des Blattes,

b) Individualentwicklung,

c) Stammesentwicklung,

d) Neukombination bei sexueller Fortpflanzung,

e) ein sehr langsam verlaufender Vorgang.

4.2 <u>Welche der folgenden Aussagen treffen zu?</u>

a) Ontogenie bezeichnet die Veränderungen, die wir an Organismen im Laufe der Erdzeitalter beobachten,

b) unter Ontogenie verstehen wir alle Veränderungen eines Individuums vom Ei bis zum Zustand stärkster Differenzierung.

4.3 <u>Als Zelldifferenzierung bezeichnet man</u>

a) die höhere Entwicklung von Zellen,

b) das Verschiedenwerden und/oder Verschiedensein von Zellen in morphologischer und biochemischer Betrachtung,

c) das Abstoßen abgestorbener Zellen,

d) die geordnete Abfolge spezifischer RNA- und Proteinsynthesen und ihre Folgen.

4.4 <u>Imaginalscheiben sind</u>

a) Blasteme für Organe der Imago,

b) Saugscheiben bei Insektenlarven, die bei der Imago verdoppelt werden,

c) Organanlagen in Insektenlarven.

4.5 <u>Der Begriff Morphogenese bezeichnet</u>

a) die allgemeine Entwicklung der für den Organismus charakteristischen Form,

b) ausschließlich die Entwicklung der Organe am pflanzlichen Kormus,

c) die Entwicklung cancerogenen Gewebes,

d) das Wachstum infolge Zellvergrößerung,

e) jede Veränderung des Molekülbestandes einzelner Zellen.

4.6 <u>Das Absterben von Zellen</u>

a) ist oft ein programmierter Entwicklungsablauf,

b) führt stets zum Tod des Organismus.

4.7 <u>Der Eicortex ist</u>

a) die Eimembran,

b) die Rindenschicht des Eiplasma,

c) das Polplasma des Eies.

4.8 <u>Die Polarität von befruchteten Eiern kann</u>

a) auf die Oogenese zurückgeführt werden (orientierte Lagerung im Oogon, Embryosack, Ovar),

b) durch Licht induziert werden,

c) durch magnetische Felder induziert werden,

d) auf der Polarität der DNA beruhen.

4.9 <u>Bei der Entstehung der flächenförmigen Blätter liegen die Spindelachsen der Mitosen</u>

a) bevorzugt senkrecht zur Blattfläche,

b) bevorzugt parallel zur Blattfläche,

c) in zufälliger Orientierung.

4.10 <u>Kallus ist</u>

a) ein hochdifferenziertes Gewebe,

b) ein amorphes Gewebe,

c) Ausgangspunkt für Regenerationen,

d) ein Tumorgewebe,

e) ein bei Verletzungen entstehendes Gewebe,

f) ein embryonales Gewebe.

4.11 <u>Furchung ist die embryonale Zellteilung, wobei die Blastomeren</u>

a) sich durch embryonales Wachstum ständig vergrößern,

b) an Größe unverändert bleiben,

c) immer kleiner werden,

d) sich zunächst verkleinern, dann aber auf die alte Größe heranwachsen und letztlich größer werden.

4.12 <u>Ist Embryonalentwicklung ohne Zellvermehrung
      möglich?</u>

4.13 <u>Bei welchen Eitypen finden sich i.a. welche Fur-
      chungstypen?</u>

      a) Spiralfurchung,

      b) centrolecithal,

      c) superfizielle Furchung,

      d) isolecithal,

      e) Radiärfurchung,

      f) Tetraederfurchung,

      g) telolecithal,

      h) discoidale Furchung,

      i) Äquatorial-Meridionalfurchung.

4.14 <u>Folgt das Blastula-Stadium auf das der Gastrula?</u>

4.15 <u>Werden Blastomeren bei der inäqualen Furchung
      gleich groß?</u>

4.16 <u>Nach Ablage eines Eies folgt die Entwicklung</u>

      a) nur, wenn es befruchtet ist,

      b) erst nach einer Ruheperiode,

      c) keines der beiden (a,b) gilt allgemein.

4.17 <u>Diapause ist</u>

      a) die Puppenruhe von Insekten,

      b) ein programmierter Stillstand in der Ent-
         wicklung,

      c) eine Unterbrechung beim Lichtbildvortrag,

      d) die Ruhe der Winterknospen.

4.18 <u>Im Blatt des Torfmooses Sphagnum wirken bei der
      Differenzierung in Chlorophyllzellen und Hyalin-
      zellen ursächlich mit:</u>

      a) Inäquale (differentielle) Zellteilungen,

      b) die Zellteilungsfolge,

      c) die Zellpolarität.

4.19 <u>Dormancy bezeichnet:</u>

      a) Die Schlafbewegungen der Blätter,

      b) nächtlich geschlossene Blütenknospen,

      c) eine programmierte Ruheperiode

und ist charakterisiert durch

d) einen Block in der Entwicklung,

e) einen physiologischen Zustand erhöhter Resistenz,

f) erhöhte Lichtempfindlichkeit.

4.20 Kann die Tageslänge die Umbildung normaler Sproßknospen zu Winterknospen steuern?

4.21 Die Differenzierung einer Zelle kann erkennbar sein:

a) An ihrer Gestalt (Morphologie),

b) an ihrer Funktion (Physiologie),

c) an ihrer molekularen Zusammensetzung (Biochemie),

d) an ihrer unbegrenzten Teilungsfähigkeit

e) an ihrer Omnipotenz.

4.22 Ist Differenzierung in der Regel die Folge von Änderungen der genetischen Information?

4.23 Sind in verschiedenartig differenzierten Zellen überall gebrauchte Enzyme wie die Cytochromoxydase in der gleichen Menge vorhanden?

4.24 Omnipotenz einer Zelle erkennt man daran, daß

a) die Zelle sich unabhängig von Außenfaktoren differenzieren kann,

b) die differenzierte Zelle einen neuen Organismus regenerieren kann,

c) in der differenzierten Zelle die gleichen Gene aktiv sind wie in der embryonalen Zelle.

Omnipotenz beruht darauf, daß

d) die differenzierte Zelle die gleichen genetischen Informationen wie die embryonale Zelle enthält,

e) während der Differenzierung somatische Mutationen stattgefunden haben.

4.25 Sind die bei der inäqualen Teilung im Sphagnumblatt (Torfmoos) entstehenden zukünftigen Hyalin- und Chlorophyllzellen noch omnipotent?

4.26 <u>Chromatinelimination ist</u>

a) die Abscheidung von Farbstoffen wie Pigment-
   granula,

b) der Verlust größerer Mengen von Kernsubstanz,

c) die Phagozytose von Chromatin.

4.27 <u>Erwartet man für alle Organismen eines Klons
identisches Erbgut?</u>

4.28 <u>Wird bei differentiellen (inäqualen)Zellteilun-
gen das Erbgut des Zellkerns in der Regel un-
gleich auf die Tochterzellen verteilt?</u>

4.29 <u>Zu ganzen Larven entwickeln können sich:</u>

a) Die meridionale Hälfte,

b) die äquatoriale Hälfte.

4.30 <u>Die Ursache für die ungleichartige Entwicklung
von Eihälften ist in der Verschiedenartigkeit
von</u>

a) Zellkernen,

b) des Eicytoplasmas

zusehen.

4.31 <u>Pollenkörner der angiospermen Blütenpflanzen
sind in der Regel</u>

a) haploid,

b) diploid,

c) omnipotent;

<u>und entwickeln sich in der Normalentwicklung</u>

d) zu einem reduzierten Gametophyten,

e) zu einem vielzelligen Prothallium,

f) zu einem Pollenschlauch,

g) zu einem reduzierten Sporophyten.

4.32 <u>Pollenkörner sind</u>

a) homolog einem Spermium,

b) homolog einer Spore;

und enthalten unter anderem die genetische Information zur Ausbildung

c) männlicher Blütenorgane,

d) weiblicher Blütenorgane.

4.33 <u>Entscheidet der Ploidiegrad der Kerne bei Pflanzen darüber, ob ein Sporophyt oder ein Gametophyt entsteht?</u>

4.34 <u>Haploide Zellen und Gewebe können diploidisiert werden durch</u>

    a) Glutaminsäure,

    b) Diaminopimelinsäure,

    c) Penicillin,

    d) Colchicin,

    e) α-Amylase,

    f) RNAse,

    g) DNAse,

    h) Mikrotubuli,

    i) crossing over.

4.35 <u>Bei Acetabularia unterscheidet sich der Primärkern von den Sekundärkernen</u>

    a) durch seine Größe,

    b) durch seine Lokalisation in der Pflanze,

    c) durch seine physiologische Aktivität,

    d) durch seinen Ploidiegrad.

4.36 <u>Morphogenetische Substanzen bei Acetabularia, die für die Ausbildung und die spezifische Form des Hutes verantwortlich sind,</u>

    a) sind Polysaccharide,

    b) sind t-RNA,

    c) sind m-RNA,

    d) sind in ihrer Bildung kernabhängig,

    e) sind in ihrer Wirkung kernabhängig,

    f) sind außerordentlich langlebig,

    g) haben eine hohe Umsatzrate (turnover),

    h) werden in ihrer Bildung durch Actinomycin D gehemmt,

    i) werden in ihrer Wirkung durch Actinomycin D gehemmt.

4.37 Ersatz des Eizellkernes durch den Kern einer
     Epithelzelle hat stets zur Folge

   a) daß sich die Eizelle überhaupt nicht ent-
      wickelt,

   b) die Entwicklung des Embryos auf einer späte-
      ren Stufe abartig wird und zum Stillstand
      kommt.

4.38 Die unterschiedliche Genaktivität in verschieden-
     artig differenzierten Zellen im Laufe der Ent-
     wicklung kann unter anderem demonstriert werden

   a) durch Zählung und Zeichnung der Zellkerne,

   b) durch Autoradiographie nach RNA-Synthese,

   c) durch Sedimentation der verschiedenen RNA-
      Moleküle im Dichtegradienten und Bestimmung
      ihrer Radioaktivität,

   d) durch sogenannte Hybridisierungsexperimente,

   e) an den Anschwellungen in den Riesenchromo-
      somen,

   f) durch Auszählung der Gene.

4.39 Kann eine proliferierende Stammzelle sich ent-
     weder zu einer andersartig differenzierten Zelle
     weiterentwickeln oder gleichartige Stammzellen
     bilden?

4.40 Aus welchen der folgenden Stoffgruppen sind ein-
     zelne Vertreter als Genaktivatoren identifiziert
     worden:

   a) Kohlenhydrate,

   b) Proteine,

   c) Steroidhormone,

   d) DNA,

   e) Ionen.

4.41 Wie läßt sich feststellen, wie sich einzelne
     embryonale Zellen weiterentwickeln:

   a) Indem man sie in andere Embryonen transplan-
      tiert und verfolgt, was aus ihnen entsteht.

   b) Indem man sie mit Vitalfarben anfärbt und
      später nach den gefärbten Abkömmlingen sucht.

4.42 Wenn sich embryonale Zellgruppen nach Transplan-
     tation "ortsgemäß" differenzieren, bedeutet dies,
     daß sie sich

a) so differenzieren, wie sie das an ihrem früheren Ort getan hätten,

b) ihren neuen Positionen entsprechend differenzieren.

4.43 <u>Unter einem Gradienten versteht man (im Zusammenhang der Differenzierung)</u>

a) stufenweise Abfolgen der embryonalen Diffe-
   renzierungen,

b) eine unstetige räumliche Verteilung von Fär-
   bungsmustern,

c) eine in bestimmter Richtung im Gewebe stetig
   ab- oder zunehmende Konzentration eines für
   die Zelldifferenzierung wichtigen Stoffes.

4.44 <u>Die Begriffe "animalisiert" bzw. "vegetativi-
siert" werden verwendet,</u>

a) um einen lebenden von einem leblosen Teil des
   Eies zu unterscheiden,

b) um die Ernährungsweise (tierische bzw. pflanzliche Ernährung) zu kennzeichnen,

c) um anzugeben, daß die vegetative bzw. animale
   Differenzierung zurückgedrängt wird,

d) wenn die Entwicklung in Richtung auf eine
   tierische bzw. pflanzliche verändert wird.

4.45 <u>Welcher Begriff bezeichnet gegebenenfalls die
Tatsache, daß sich eine Keimanlage, die sich normalerweise zum Organ A differenziert, nach ex-
perimentellem Eingriff zum Organ B entwickelt?</u>

a) Umdifferenzierung,

b) Rückbildung,

c) Metaplasie,

d) Transdetermination.

4.46 "Self assembly" des TMV-Virus im Reagenzglas er-
     folgt durch Aggregation von

  a) Virus-Protein,

  b) Virus-DNA,

  c) Virus-RNA,

  d) Virus-Protein + Virus-DNA,

  e) Virus-Protein + Virus-RNA,

  f) Virus-Protein + Bakterien-RNA,

  g) Virus-Protein + Ribosomen,

  h) Virus-RNA + Ribosomen.

4.47 Zellwanderungen treten auf bei

  a) der Entwicklung von Pflanzen,

  b) der Differenzierung von Pigmentzellen,

  c) der Bildung der Geschlechtsorgane,

  d) der Bildung der Spinalganglien,

  e) der Anlage des knorpeligen Kiefers.

4.48 Unter Gastrulation versteht man

  a) die Bildung der Gastrula,

  b) die Weiterentwicklung der Gastrula,

  c) die Ausstülpung eines Enddarms,

  d) die Einstülpung eines Urdarms,

  e) die Bildung des Entoderms,

  f) die Bildung eines zweischichtigen Keimes,

  g) die Bildung des Archenteron,

  h) die Bildung der Somiten.

4.49 Bei dem embryologisch als Induktion bezeichneten
     Prozeß

  a) wirken Hormone auf ein weit entferntes Erfolgs-
     organ,

  b) wird die Differenzierung eines Gewebes durch
     die direkte Einwirkung eines bestimmten an-
     deren Gewebes ausgelöst,

  c) beeinflussen sich jeweils nur benachbarte
     Zellen im gleichen Gewebe.

4.50 Der sogenannte "graue Halbmond" des Amphibien-
     eies ist

  a) der Bereich, an dem das Neuralrohr gebildet
     wird,

b) eine Differenzierung des Cortex, die auch als Organisator bezeichnet wird,

c) ein Bereich zwischen Urmund und Neuralporus,

d) ein Stück Eirinde, das letztlich in die Chorda gelangt und die Neuralplatte induziert,

e) das Material, das imstande ist, die Chorda zu induzieren.

4.51 Ist für die Induktion des Pankreas Zellkontakt mit dem induzierenden Gewebe notwendig?

4.52 Die Differenzierung von Muskelzellen aus Fibroblasten wird induziert durch

a) Myosin,

b) Kollagen,

c) Myoglobin,

d) Porphyrin,

e) Kontraktion benachbarter Muskelzellen.

4.53 Die typische Moospflanze entwickelt sich aus einer Knospe; diese entsteht

a) unmittelbar aus der Spore,

b) aus dem Protonema an beliebigen Stellen,

c) aus Caulonema-Zellen,

d) nach Zusatz von Kinetin zum Nährmedium,

e) nach Erreichen eines gewissen Entwicklungszustandes.

4.54 Zur Bildung von Moosknospen am Protonema ist Cytokinin nötig. Kann die Pflanze selbst diesen Regulator nicht bilden und ist sie daher auf Zufuhr von außen angewiesen?

4.55 <u>Das Etiolement kann sich äußern bei Dikotylen durch</u>

    a) verstärktes Längenwachstum der Internodien,

    b) verstärktes Flächenwachstum der Blätter,

    c) fehlende Chlorophyllsynthese,

    d) verstärkte Photosynthese,

    e) Polyploidisierung,

    f) einen Hypokotylhaken;

<u>bei Gräsern durch</u>

    g) verstärktes Längenwachstum der Internodien,

    h) verstärktes Längenwachstum der Blätter,

    i) Fehlen einer Koleoptile,

    j) Abscheidung von Honigtau.

4.56 <u>Bei photomorphogenetischen Lichtwirkungen hat Licht die Funktion</u>

    a) der Energielieferung für die Photosynthese,

    b) der Steuerung der Entwicklung,

    c) der Erzeugung von Wärme,

    d) einer Änderung des Genoms.

4.57 <u>Photomorphogenetische Lichtwirkungen</u>

    a) sind stets positiv (ein Vorgang wird induziert oder gefördert),

    b) sind stets negativ (ein Vorgang wird blockiert oder gehemmt),

    c) sind je nach Größe der Pflanze positiv oder negativ,

    d) werden durch die primäre Differenzierung der Zelle bestimmt,

    e) sind in allen Zellen einer Pflanze identisch,

    f) erfordern als Photorezeptor ein Pigment,

    g) kommen in der Regel durch Lichtabsorption im Chlorophyll zustande.

4.58 <u>Phytochrom zeichnet sich aus</u>

    a) durch etwa gleich starke Absorption im Rot und Blau,

    b) durch maximale Absorption im Rot,

    c) durch maximale Absorption im Blau,

d) durch einen Antagonismus zwischen kurzwelligem und langwelligem Rot,

e) durch hohe Konzentration in der Zelle,

f) durch seine rote Farbe,

g) durch Photokonvertierbarkeit zweier Formen,

h) durch Bindung des Chromophors an ein Protein,

i) durch die Tetrapyrrolstruktur des Chromophors,

j) durch Erzeugung von ATP bei Belichtung.

4.59 Der photostationäre Zustand P_{fr}/P_{total} des Phytochroms hängt ab

a) von der Energielieferung durch die Photosynthese,

b) von der Wellenlänge des Lichtes,

c) von der Dauer der Belichtung,

d) von den Absorptionsspektren von P_r und P_{fr}.

4.60 Das typische Prothallium des Farns bildet sich

a) in Weißlicht,

b) in Rotlicht,

c) in Dunkelheit,

d) in Blaulicht.

4.61 Werden alle Photomorphosen bei grünen Pflanzen durch Lichtabsorption im Phytochrom vermittelt?

4.62 Acrasin ist

a) ein chemischer Informationsträger,

b) ein Chemotacticum,

c) ein Blühhormon,

d) zyklisches ATP,

e) zyklisches AMP,

f) ein Zellgift.

4.63 Die Tageslänge, die bei photoperiodischen Pflanzen die Blütenbildung induziert, wird perzipiert

a) in den Blütenblättern,

b) in den Laubblättern,

c) in der Wurzel,

d) in den Ribosomen,

e) in den Chromosomen,

f) im Endosperm,

g) im Blütenstiel.

4.64 Für die Blühinduktion von Kurztagpflanzen ist entscheidend

a) eine ununterbrochene Lichtperiode bestimmter Höchstdauer,

b) eine ununterbrochene Dunkelperiode bestimmter Mindestdauer,

c) niedrige Lichtintensität,

d) daß die Tageslänge kürzer als 10 Stunden ist.

4.65 Photoperiodisches "Störlicht"

a) wird perzipiert von Chlorophyll,

b) wird perzipiert von Phytochrom,

c) ist am wirksamsten im unmittelbaren Anschluß an die Haupt-Lichtperiode,

d) ist am wirksamsten in der Mitte der täglichen Dunkelperiode,

e) ist am wirksamsten in bestimmten Phasen der endogenen Tagesrhythmik,

f) hemmt die Blütenbildung von Kurztagpflanzen,

g) hemmt die Blütenbildung von Langtagpflanzen.

4.66 Können sich Blühhormone miteinander verwandter Kurztag- und Langtagpflanzen gegenseitig vertreten?

4.67 Kommen Kurztagpflanzen nur zur Blüte, wenn der Kurztag bis zum Sichtbarwerden der Blütenanlagen einwirkt?

4.68 Geht der zur Bildung einer Blüte umgestimmte Vegetationspunkt in der Regel nach Abschluß der Blütenentwicklung wieder zum vegetativen Wachstum über?

4.69 <u>Gibberellin kann Blütenbildung auslösen</u>

    a) bei Langtagpflanzen,

    b) bei Kurztagpflanzen,

    c) bei biennen (vernalisationsbedürftigen) Pflanzen,

    d) nach Hydrolyse bei allen Pflanzen,

    e) bei allen anthocyanhaltigen Pflanzen,

    f) bei Farnen in Gegenwart von Florigen.

4.70 <u>Vernalisation ist definiert als</u>

    a) Auslösung der Blütenbildung durch die Frühlingssonne,

    b) Keimung von Frühlingspflanzen,

    c) Steuerung von Entwicklungsvorgängen durch eine Kälteperiode,

    d) Steuerung von Entwicklungsvorgängen durch eine Wärmeperiode.

4.71 <u>Vernalisation gibt sich zu erkennen z.B. durch</u>

    a) Auslösung oder Beschleunigung der Blütenbildung durch Kälte,

    b) Fruchtreife von Wintergetreide,

    c) Keimung von Wintergetreide,

    d) Wachstum von Wintergetreide,

    e) Beendigung der Knospenruhe.

4.72 <u>Erfolgt das Wachstum bei Pflanzenzellen nur ausnahmsweise als Zellstreckungswachstum?</u>

4.73 <u>Teilprozesse des Zellstreckungswachstums sind</u>

    a) Wasseraufnahme,

    b) Vergrößerung der Vakuole,

    c) Vergrößerung der Zellwand,

    d) Kernteilung,

    e) Synthese von Zellwandmaterial,

    f) Produktion osmotisch wirksamer Substanzen für die Vakuole,

    g) DNA-Synthese.

4.74 <u>Die etiolierte Avena-Koleoptile ist ein besonders
geeignetes Testsystem für Auxin</u>

    a) da in ihr keine Zellteilungen mehr stattfinden,

    b) da die Zellen ein starkes Streckungswachstum
       aufweisen,

    c) da sie kein Chlorophyll enthält,

    d) da sie selbst reichlich Auxin enthält,

    e) da Auxin für die Koleptilzellen ein Minimum-
       faktor ist,

    f) da man Auxin leicht aus Koleoptilen gewinnen
       kann,

    g) da die etiolierte Koleoptile sehr lichtemp-
       findlich ist.

4.75 <u>Allometrisches Wachstum liegt vor wenn</u>

    a) das Verhältnis der absoluten Wachstumsge-
       schwindigkeiten von Länge und Breite konstant
       ist,

    b) das Verhältnis der relativen Wachstumsge-
       schwindigkeiten von Länge und Breite konstant
       ist,

    c) die relative Wachstumsgeschwindigkeit (Länge
       und/oder Breite) stetig zunimmt.

4.76 <u>Apikale Dominanz heißt</u>

    a) ein Merkmal ist an der Sproßspitze dominant,
       an der Basis rezessiv,

    b) eine Form korrelativer Hemmung,

    c) Dominanz der Gipfelknospe über die Seiten-
       knospen,

    d) Hemmung des Wurzelwachstums durch den Sproß,

    e) Förderung des Wurzelwachstums durch den Sproß,

    f) Austreiben ruhender Knospen ("schlafender Au-
       gen") unter dem Einfluß der Gipfelknospe.

4.77 <u>Die Wechselwirkung zwischen Reis und Unterlage
bei einer Pfropfung erstreckt sich auf</u>

    a) den Übertritt des "Blühhormons",

    b) die Abgabe anderer Hormone,

    c) den Austausch von Assimilaten,

    d) den Austausch von Wasser und Nährsalzen,

    e) die Änderung des Genoms des Partners.

4.78 <u>Chimären entstehen</u>

   a) aus dem gemeinsamen Kallus bei Verletzung
      eines Pfropfbastardes,

   b) durch inäquale Zellteilungen,

   c) durch ungleiche Verteilung von Phytohormonen.

4.79 <u>Unter einer Periklinalchimäre versteht man</u>

   a) das Verschmelzungsprodukt zweier artverschie-
      dener Zellen zu einer Einzelzelle,

   b) einen Organismus, bei dem einzelne Sektoren
      des Vegetationspunktes genetisch verschieden
      sind,

   c) einen Organismus, bei dem die einzelnen
      Schichten des Vegetationspunktes genetisch
      verschieden sind,

   d) einen Organismus, bei dem ein Austausch ge-
      netischer Information zwischen genetisch ver-
      schiedenartigen Zellen erfolgt.

4.80 <u>Blühen hapaxanthe Pflanzen nur einmal in ihrem</u>
<u>Leben?</u>

4.81 <u>Zweijährige Pflanzen (bienne) blühen</u>

   a) alle zwei Jahre,

   b) je einmal in zwei aufeinanderfolgenden Jahren,

   c) im zweiten Jahr ihres Lebens.

4.82 <u>Altern Pflanzen, die künstlich am Blühen gehin-</u>
<u>dert werden, vorzeitig?</u>

4.83 <u>Werfen immergrüne Pflanzen ihre Blätter im Gegen-</u>
<u>satz zu den sommergrünen niemals ab?</u>

4.84 <u>Als Fasciation wird bezeichnet</u>

   a) ein teratologischer Effekt,

   b) eine Entwicklungsanomalie,

   c) die Ausbildung der Leitbündel,

   d) der Verlauf der Leitbündel,

   e) eine Verbänderung,

   f) eine bandförmig veränderte Sproßachse.

4.85 <u>Die spezifische Gestalt einer Pflanzengalle wird</u>
<u>bestimmt</u>

a) ausschließlich von der Pflanze,

b) ausschließlich vom Gallinsekt,

c) ausschließlich durch Außenfaktoren,

d) von der Pflanze und vom Gallinsekt,

e) von der Art der Verletzung.

4.86 <u>Eine Linse kann regenerieren aus</u>

a) der Bindehaut,

b) der Hornhaut,

c) der Iris,

d) dem Glaskörper,

e) der Retina.

4.87 <u>Stellt die pleiotrope Auswirkung einer Mutation</u>
<u>oder eines Differenzierungsschrittes im Rahmen</u>
<u>einer Morphogenese eine seltene Ausnahme dar?</u>

4.88 <u>Es gibt Tumoren sowohl bei Pflanzen wie auch bei</u>
<u>Tieren. Sie können verursacht werden</u>

a) durch Bakterieninfektionen,

b) durch Virusinfektionen,

c) auf andere,derzeit noch unbekannte Weise.

4.89 <u>Für die Entstehung eines Pflanzentumors sind un-</u>
<u>ter anderem folgende Bedingungen notwendig:</u>

a) Verletzung,

b) Vernalisation,

c) Rotlicht,

d) Infektion mit Rhizobium leguminosarum,

e) Infektion mit Agrobacterium tumefaciens,

f) Infektion mit Nitrosomonas-Arten,

g) Aktivierung der DNA-Synthese.

4.90 <u>Pflanzen-Tumoren</u>

a) werden durch Bakterien induziert,

b) benötigen nach der Induktion zum Weiterwach-
sen Bakterien,

c) zeichnen sich durch reiche morphologische
Zelldifferenzierungen aus,

d) zeichnen sich durch intensive Zellteilungen
   aus,

e) zeichnen sich durch starkes Zellstreckungswachstum aus,

f) bilden Metastasen wie tierische Tumoren,

g) entstehen durch inäquale Teilungen.

4.91 <u>Für eine Tumorzelle bei Säugern ist charakteris-
     tisch die</u>

a) licht- und elektronenmikroskopisch erkennbare
   Veränderung des Zellkernes,

b) zeitweise Verkürzung des Zellteilungszyklus,

c) Zunahme des Heterochromatins,

d) Ausbildung von Knospen, welche die Vermehrung
   begünstigen,

e) Veränderung der Membran und des Stoffwechsels.

5. Struktur und Funktion pflanzlicher und tierischer Organe

5.1 <u>Die Cormophyten umfassen:</u>

    a) alle Eukaryoten,

    b) Moose, Farne und Samenpflanzen,

    c) Farne und Samenpflanzen,

    d) alle baumförmigen Gewächse.

5.2 <u>Die drei Grundorgane eines Cormus sind:</u>

    a) Wurzel, Sproß, Blüte,

    b) Wurzel, Sproßachse, Blüte,

    c) Rhizom, Sproß, Blüte/Frucht,

    d) Wurzel, Sproßachse, Blatt,

    e) Sproßachse, Blatt, Blüte.

5.3 <u>Unter sekundärer Homorrhizie versteht man:</u>

    a) das Dickenwachstum der Wurzel mit Hilfe eines Kambiums,

    b) Absterben der Hauptwurzel, Bildung von sproßbürtigen Wurzeln,

    c) schon die erste Keimwurzel ist wie alle folgenden sproßbürtig,

    d) nach dem Dickenwachstum sind mehrere, etwa gleichstarke Wurzeln vorhanden,

    e) durch den Menschen sind Pflanzen mit etwa gleichstarken Wurzeln gezüchtet worden.

5.4 <u>Die Samen von Samenpflanzen sind im allgemeinen aufgebaut aus:</u>

    a) Embryo, Nährgewebe, Samenschale,

    b) Embryo, Nährgewebe, Fruchtwand,

    c) Embryo, Perisperm, Verbreitungseinrichtung,

    d) Nährgewebe, Verbreitungseinrichtung, Reste des Fruchtknotens,

    e) Perisperm, Mesosperm und Endosperm.

5.5 <u>Von epigäischer Keimung spricht man, wenn:</u>

    a) Samen auf der Erdoberfläche keimen,

    b) zuerst der Sproß die Samenschale durchbricht,

    c) Samen von Epiphyten auf anderen Pflanzen keimen,

    d) die Cotyledonen von der Samenschale umschlossen bleiben,

    e) die Keimblätter aus der Samenschale heraus und dem Licht entgegengebracht werden.

5.6 <u>Als Coleoptile bezeichnet man</u>

    a) das Keimblatt der Gräser,

    b) den Keimsproß der Gräser,

    c) die haubenförmige Umhüllung der Graskeimwurzel,

    d) eine Unterblattbildung des Graskeimblattes,

    e) eine zylindrische Ausbildung eines Keimblattes,

    f) alle Organe, die sich für Phototropismus-Versuche eignen.

5.7 <u>Unter Erstarkungswachstum versteht man</u>

    a) das Zusammenwirken der Größenzunahme des Sproßscheitels und des primären Dickenwachstums,

    b) das primäre Dickenwachstum,

    c) die Größenzunahme des Sproßscheitels,

    d) das Dickenwachstum der Bäume,

    e) die Verstärkung von Organen durch Einlagerung von Festigungselementen.

5.8 <u>Als Blattfolge bezeichnet man</u>

    a) die Stellung der Blätter an der Sproßachse,

    b) die Geschwindigkeit, mit der die einzelnen Blätter nacheinander gebildet werden,

    c) die verschiedenen Blätter an einem Cormus, von Keimblättern über Niederblätter und Laubblätter bis zu Hochblättern,

    d) den Übergang von Kronblättern zu Staubblättern in Blüten.

5.9 **5 Orthostichen bei zerstreuter Blattstellung bedeuten**

    a) einen Divergenzwinkel von 144°,

    b) einen Divergenzwinkel von 72°,

    c) eine 3/8-Stellung,

    d) eine 2/5-Stellung.

5.10 **Unter "basitoner Förderungstendenz" versteht man**

    a) das bevorzugte Wachstum von Pflanzen auf basischen Standorten,

    b) das bevorzugte Austreiben der Knospen an der Spitze eines Sproßsystems,

    c) das bevorzugte Austreiben der Knospen an der Basis eines Sproßsystems,

    d) verstärktes Dickenwachstum an der Stammbasis.

5.11 **Ein Dichasium ist**

    a) eine einfache Infloreszenz, bei der sich immer zwei Blüten gegenüberstehen,

    b) eine Doppeldolde,

    c) eine Doppeltraube,

    d) Teil einer zusammengesetzten Infloreszenz, bei dem die Verzweigung jeweils aus beiden Vorblattachsen der Äste entsteht.

5.12 **Ein geschlossenes collaterales Leitbündel**

    a) besteht aus Phloem, Cambium und Xylem und ist von einer Leitbündelscheide umgeben,

    b) enthält zentrales Xylem, das von Phloem umschlossen wird,

    c) enthält nur Xylem und Phloem,

    d) ist ein Bündel, bei dem das Xylem dem Achseninneren zugekehrt ist.

5.13 **Geleitzellen finden sich allgemein im Phloem**

    a) der Cormophyten,

    b) der Samenpflanzen,

    c) der Monocotylen,

    d) der Dicotylen.

5.14 <u>Tracheen kommen vor bei</u>

    a) einigen Laubmoosen,

    b) einigen Pteridophyten,

    c) allen Gymnospermen,

    d) den höchstentwickelten Gymnospermen,

    e) allen Angiospermen,

    f) den meisten Angiospermen.

5.15 <u>Collenchymzellen sind</u>

    a) lebend,

    b) tot,

    c) allseits verdickt,

    d) ungleich verdickt,

    e) mit verholzten Wänden,

    f) mit Wänden aus Cellulose und Protopectin,

    g) Verstärkungselemente in wachsenden Organteilen,

    h) Verstärkungselemente in ausgewachsenen Organteilen.

5.16 <u>Beim fasciculären Cambium handelt es sich um</u>

    a) ein primäres Meristem,

    b) ein sekundäres Meristem.

5.17 <u>Als Holz bezeichnet man</u>

    a) alle Gewebe, deren Zellwände mit Lignin inkrustiert sind,

    b) alle verholzten Teile, die von einem Cambium gebildet wurden,

    c) alle verholzten Teile, die von einem Cambium nach innen abgegeben wurden,

    d) alle Teile, die von einem Cambium nach innen abgegeben wurden, unabhängig vom Verholzungsgrad,

    e) alle Teile, die von einem Cambium nach außen abgegeben wurden, unabhängig vom Verholzungsgrad.

5.18 Unter Dendrochronologie versteht man

a) die Bestimmung des Alters eines Baumes,

b) die Sukzession in einer Waldgesellschaft,

c) die absolute Altersbestimmung von Holzproben
aufgrund charakteristischer Schwankungen der
Jahresring-Breiten,

d) die Rekonstruktion des Klimas anhand der
Schwankungen der Jahresring-Breiten.

5.19 Zu den ringporigen Laubhölzern gehören

a) Buche,

b) Birke,

c) Eiche,

d) Ulme,

e) Ahorn,

f) Esche.

5.20 Thyllen sind

a) blasenartige Drüsenhaare,

b) bläschenartige Strukturen im Chloroplasten,

c) Vorwölbungen der Protoplasten von Parenchym-
zellen in das Innere von Gefäßen,

d) alle strukturellen Veränderungen bei der
Kernholzbildung.

5.21 Das Periderm umfaßt

a) Phelloderm,

b) Borke,

c) Phellem,

d) Epidermis,

e) Phellogen,

f) Hypodermis,

g) Lenticellen,

h) Spaltöffnungen.

5.22 Das Rundblatt von Juncus effusus ist

a) äquifazial,

b) bifazial,

c) unifazial.

5.23 <u>Die Blätter der Farne haben</u>
    a) eine geschlossene Nervatur,
    b) eine offene Nervatur.

5.24 <u>Epistomatische Blätter tragen die Stomata</u>
    a) auf der Unterseite,
    b) auf der Oberseite,
    c) auf beiden Seiten.

5.25 <u>Die Schließzellen vom Gramineen-Typ</u>
    a) kommen bei allen Dicotylen vor,
    b) weisen an der oberen und unteren Seite der dem Spalt zugekehrten Wand je eine Verdickungsleiste auf,
    c) sind hantelförmig aufgebaut,
    d) erweitern bei steigendem Turgordruck ihre dünnwandigen Enden.

5.26 <u>Schließzellen der Stomata besitzen</u>
    a) keine Chloroplasten, nur Leukoplasten,
    b) stets Chloroplasten,
    c) keine Zellkerne,
    d) in jedem Fall Stärke,
    e) meist Stärke.

5.27 <u>Das Periblem liefert</u>
    a) den Zentralzylinder der Wurzel,
    b) nur die Sproßepidermis,
    c) Rinde und oft auch Epidermis der Wurzel,
    d) Rinde und Epidermis des Sprosses,
    e) nur die Rhizodermis,
    f) das Korkgewebe.

5.28 <u>Unter einer Exodermis versteht man</u>
    a) die Sproß- und Wurzelepidermis,
    b) die suberinisierte (verkorkte) Rhizodermis,
    c) die suberinisierte (verkorkte) Schicht unter der abgestorbenen Rhizodermis,
    d) die Rhizodermis in der Wurzelhaarzone.

5.29 Der Caspary'sche Streifen ist vorhanden
    a) im Perizykel,
    b) in der primären Endodermis,
    c) in der sekundären Endodermis,
    d) in der tertiären Endodermis.

5.30 Die Seitenwurzeln entstehen aus
    a) dem Perizykel,
    b) der Endodermis,
    c) der Rhizodermis,
    d) dem Mark des Zentralzylinders.

5.31 Unter einem Rhizom versteht man
    a) eine dicke Wurzel,
    b) die Haftorgane bei Thallophyten,
    c) einen Erdsproß,
    d) eine grüne Luftwurzel.

5.32 Rüben sind
    a) verdickte Hypokotyle,
    b) verdickte Epikotyle,
    c) verdickte Hauptwurzeln,
    d) verdickte Seitenwurzeln.

5.33 Als Sepalen bezeichnet man
    a) Kronblätter,
    b) Kelchblätter,
    c) die gleichartigen Glieder eines Perigons,
    d) sterile Staubblätter,
    e) Blattstipeln.

5.34 Bei einer postgenitalen Verwachsung
    a) sind einzelne Organe von vorneherein miteinander verwachsen,
    b) verwachsen einzelne Organe nachträglich miteinander,
    c) verwachsen Teile des Fruchtknotens nach der geschlechtlichen Befruchtung.

5.35 In einem coenocarpen Ovar
    a) sind die einzelnen Fruchtblätter miteinander verwachsen,

b) sind die einzelnen Fruchtblätter frei,

c) ist zwischen Samenanlagen und Ovarwand ein großer Hohlraum ausgebildet.

5.36 <u>Eine Beere ist</u>

a) eine Sammelfrucht,

b) eine Streufrucht,

c) eine Schließfrucht.

5.37 <u>Unter "Photorespiration" versteht man</u>

a) die normale Atmung unter Lichtbedingungen,

b) den Einfluß des Lichtes auf die Aktivität der Atmungsenzyme,

c) das Ablaufen der mit der Photosynthese gekoppelten Glykolat-Atmungskette.

5.38 <u>Pflanzen mit dem C_4-Dicarbonsäureweg sind charakterisiert</u>

a) durch hohe CO_2-Kompensationskonzentration der Photosynthese,

b) durch das Fehlen einer respiratorischen CO_2-Abgabe im Licht,

c) durch speziellen Blattbau,

d) durch Ausstattung mit nur einer Chloroplastensorte,

e) durch schnellen Übergang von Phosphoglycerat in C_4-Dicarbonsäuren,

f) durch Fehlen des Calvin-Zyklus,

g) durch eine lichtgetriebene CO_2-Pumpe für den reduktiven Pentosephosphat-Zyklus.

5.39 <u>Folgende Vorgänge bei Pflanzen können zum dissimilatorischen Gaswechsel beitragen:</u>

a) oxidative Dissimilation von Kohlenhydraten zu CO_2 und H_2O,

b) anaerobe Dissimilation von Kohlenhydraten zu Äthanol und CO_2,

c) oxidativer Pentosephosphatcyclus,

d) Transformation von Saccharose in Fett,

e) photosynthetischer Glycolatstoffwechsel.

5.40 **Bei Beleuchtungsstärken unterhalb des Lichtkompensationspunktes einer Pflanze**

a) hat sie stets eine negative Kohlenstoffbilanz,

b) hat sie stets eine negative Wasserbilanz,

c) erfolgt ihre Atmung überwiegend in den Chloroplasten,

d) finden keine Reaktionen der Photosynthese mehr in ihr statt,

e) können allein Schattenpflanzen überleben.

5.41 **Als limitierende Faktoren der apparenten Photosynthese kommen in Betracht:**

a) In jeder Situation jeweils nur ein einziger Faktor,

b) stets die CO_2-Konzentration,

c) die Beleuchtungsstärke immer dann, wenn das CO_2-Angebot hinreichend hoch ist,

d) die Stickstoffversorgung bei Lichtsättigung.

5.42 **Die Temperaturabhängigkeit der apparenten Photosynthese**

a) geht einher mit Temperaturunabhängigkeit der reellen Photosynthese,

b) ist mitbedingt durch den Anstieg des CO_2-Kompensationspunktes bei steigender Temperatur,

c) zeigt besonders bei Wüstenpflanzen einen frühen und steilen Abfall,

d) hat in der Regel Optima zwischen 20° und 40^OC.

5.43 **Pflanzen mit diurnalem Säurerhythmus unterscheiden sich von Pflanzen mit dem C_4-Dicarbonsäureweg durch**

a) andere Carboxylierungsenzyme,

b) Verwendung von Malat als intermediären CO_2-Speicher,

c) zeitliche statt räumliche Trennung von CO_2-Vorfixierung und reduktivem Pentosephosphatzyklus,

d) Vorhandensein des Calvin-Zyklus.

5.44 <u>Unter dem "Warburg-Effekt" versteht man</u>

    a) die Wasserspaltung durch belichtete Chloroplastenfragmente bei Anwesenheit eines Elektronenakzeptors,

    b) die Hemmung des Glucose-Durchsatzes durch Anwesenheit von O_2,

    c) die reversible Hemmung der apparenten Photosynthese durch O_2,

    d) die Steigerung der Quantenausbeute bei 700 nm durch gleichzeitiges Zusatzlicht von $\lambda < 680$ nm.

5.45 <u>Als Alkaloide bezeichnet man</u>

    a) alle Pflanzengifte,

    b) organische Verbindungen mit alkalischer Reaktion,

    c) N-haltige Heterocyclen, die in der Regel pharmakologische Wirkungen ausüben.

5.46 <u>Das "aktive Isopren" ist</u>

    a) Mevalonat,

    b) Acetyl-CoA,

    c) Isopentenylpyrophosphat,

    d) Dimethylallylpyrophosphat,

    e) Geranylpyrophosphat.

5.47 <u>Zu den "Isoprenoiden" zählen</u>

    a) Harzbestandteile

    b) Carotinoide,

    c) Lignin,

    d) Steroide,

    e) Bestandteile ätherischer Öle,

    f) Fettsäuren,

    g) Kautschuk,

    h) Flavonoide.

5.48 <u>Pflanzen können bei sinkenden Temperaturen bereits über dem Gefrierpunkt an Wassermangel leiden, weil bei diesen Bedingungen</u>

    a) der Steigwiderstand in den Tracheen drastisch ansteigt,

    b) der Wurzelwiderstand wächst,

    c) der Wasserdurchtritt durch den Caspary- Streifen erschwert ist,

    d) cytoplasmatische Membranen eine verminderte Permeabilität für Wasser aufweisen.

5.49 <u>Die aktive Ionenaufnahme durch die Wurzel findet statt</u>

    a) beim Eintritt in den Apoplasten des Wurzelcortex,

    b) durch Kationenaustausch an Carboxylgruppen der Zellwände,

    c) beim Übergang vom Apoplasten in den Synplasten,

    d) ionenselektiv,

    e) unter Verbrauch von ATP,

    f) abhängig vom Sauerstoffpartialdruck im Boden.

5.50 <u>Plattenepithelien unterscheiden sich von anderen Epithelien durch</u>

    a) den Besitz einer Basalmembran,

    b) den Besitz eines Wimpernbesatzes,

    c) den Besitz von apikal gerichteten Mikrovilli,

    d) die Ausbildung einer Cuticula,

    e) ihre Mehrschichtigkeit.

5.51 <u>Als typische Funktionen einzelner Epithelien findet sich</u>

    a) Nährstoffaufnahme,

    b) Osmoregulation,

    c) Abgabe von Sekreten,

    d) intrazelluläre Speicherung von Nahrungsreserven.

5.52 <u>Drüsen gibt es in Gestalt</u>

    a) einzelner in Epithelien eingelagerter Zellen,

    b) als ringförmiger Besatz von Poren durch Epithelien,

    c) unverzweigte Einstülpungen von Epithelien,

d) verzweigte tubuläre Einstülpung von Epithelien,

e) als im Coelum zirkulierende Zellnester.

5.53 Folgende Variationen des Sekretionsvorganges aus
Drüsen sind bekannt:

a) Austreten von Sekretgranula nach Art einer
   Explosion,

b) Abschnüren von sekrethaltigen Zellabschnitten,

c) Filtration des Sekretes durch das Plasmalemma
   der Drüsenzellen.

5.54 Für Bindegewebe typisch ist

a) eine hohe Aktivität der Proteinsynthese aller
   Bindegewebsarten,

b) direkte Zellkontakte mit einem interzellulären
   Spalt von 20 nm,

c) eine hohe Zellbeweglichkeit,

d) größere Mengen Interzellularsubstanz.

5.55 Einigen Bindegeweben kommt eine bedeutende Rolle
zu

a) im Mineralhaushalt ihres Organismus,

b) im Wasserhaushalt ihres Organismus,

c) als Steuerorgan für den Wärmehaushalt ihres
   Organismus,

d) in der Motorik ihres Organismus.

5.56 Ordne die folgenden Bindegewebe nach steigendem
Anteil und steigendem Ordnungsgrad der fibrillö-
sen Elemente in der Interzellularsubstanz:

a) Fascien,

b) Lederhaut der Wirbeltiere,

c) Mesenchym,

d) Sehnen,

e) reticuläres Gewebe.

5.57 <u>Deckknochen</u>

    a) gehen aus Knorpel durch Einlagerung von Kalk hervor,

    b) gehen aus dem Mesenchym durch Einlagerung von Chondroitinsulfat hervor,

    c) sind reichlich mit Blutgefäßen und Nerven verbunden,

    d) enthalten Hydroxylapatit,

    e) enthalten Zellen mit einander berührenden Zellfortsätzen.

5.58 <u>Knorpel ist gekennzeichnet durch</u>

    a) hohen Gehalt an Kollagenfibrillen,

    b) hohen Gehalt an sauren Mucopolysacchariden,

    c) Elastizität der Interzellularsubstanz,

    d) geringen Stoffwechsel.

5.59 <u>Für die Blutgerinnung erforderliche Faktoren finden sich</u>

    a) in den Monocyten,

    b) in den Thrombocyten,

    c) im Blutplasma,

    d) in den Erythrocyten.

5.60 <u>Zu den zellulären Bestandteilen des Blutes gehören:</u>

    a) Granulozyten,

    b) Plasmazellen,

    c) Osteocyten,

    d) Astrocyten,

    e) Erythrocyten,

    f) Myeloblasten,

    g) Gammaglobuline.

5.61 <u>Das braune Fettgewebe</u>

    a) enthält in jeder Zelle einen Fetteinschluß,

    b) ist als Energiespeicher leichter zugänglich als das weiße Fettgewebe,

    c) ist bei Winterschläfern besonders ausgeprägt.

5.62 <u>Speichert der Fettkörper der Insekten</u>

    a) Proteine,

    b) in besonderen Zellen auch Purinderivate,

    c) kein Glykogen.

5.63 <u>Epithelmuskelzellen</u>

    a) treten zu Epithelien zusammen,

    b) bilden Muskelfasern,

    c) liegen einzeln im Verband von Epithelien.

5.64 <u>Muskelfasern sind unmittelbare strukturelle Un-
tereinheiten</u>

    a) der Myofibrillen,

    b) von Muskeln,

    c) des sarcoplasmatischen Reticulums,

    d) des Querstreifenmusters.

5.65 <u>Welche der im Querstreifenmuster erkennbaren
Zonen</u>

    a) A,

    b) Z,

    c) H,

    d) I

<u>enthalten die Proteine</u>

    e) Actin,

    f) Myosin?

5.66 <u>Welche der folgenden Längenabmessungen sind nicht
bei allen Muskeln gleich?</u>

    a) Sarkomerenlänge,

    b) die Länge der Actinfilamente,

    c) die Länge der Myosinfilamente,

    d) das Längenverhältnis von Actin- zu Myosinfi-
lamenten.

5.67 <u>Die Ausstattung mit zahlreichen Mitochondrien
ist typisch für Muskeln</u>

    a) mit extrem kurzen Kontraktionszeiten,

    b) vom quergestreiften Typ,

    c) hoher Dauerleistung.

5.68 <u>Stellen Sie im Vergleich von</u>

    a) quergestreifter,

    b) schräggestreifter,

    c) glatter Muskulatur

<u>diejenigen Typen gegenüber, die sich paarweise</u>
<u>unterscheiden durch</u>

    d) den Aufbau aus grundsätzlich verschiedenen
       Myofibrillen,

    e) verschiedene Anordnung gleichartiger Myofi-
       brillen,

    f) makroskopisch verschiedene Anordnung von Mus-
       kelfasern.

5.69 <u>Motorische Endplatten</u>

    a) sind Zellorganellen, die mehrere Muskelzellen
       miteinander verbinden,

    b) entsprechen funktionell der Synapse des Ner-
       vensystems,

    c) enthalten zahlreiche synaptische Vesikeln,

    d) enthalten als subsynaptische Membran einen
       glatten Teil der Zellmembran ohne Einfaltun-
       gen.

5.70 <u>Die Überträgersubstanz an motorischen Endplatten</u>
<u>ist</u>

    a) Noradrenalin,

    b) Acetylcholin,

    c) je nach Muskeltyp Noradrenalin oder Acetyl-
       cholin,

    d) Na^+-Ionen,

    e) Tropomyosin.

5.71 <u>Sobald an der subsynaptischen Membran einer mo-</u>
<u>torischen Endplatte die "Kritische Depolarisa-</u>
<u>tion" (etwa - 50 mV) erreicht ist, wird</u>

    a) eine große Zahl synaptischer Vesikeln freige-
       setzt,

    b) das Enzym Acetylcholinesterase aktiviert,

    c) eine vorübergehende Steigerung der Durchläs-
       sigkeit dieser Membran für Na^+ und K^+ einge-
       leitet,

    d) ein Aktionspotential eingeleitet,

    e) eine notwendige Voraussetzung für die Muskel-
kontraktion geschaffen,

    f) ein Nervenimpuls ausgelöst.

5.72 **Das T-System**

    a) ist eine Stützstruktur zur Verankerung der
Myofibrillen,

    b) stellt eine Barriere für die Weiterleitung
von Aktionspotentialen dar,

    c) ist eine Membranstruktur,

    d) verbindet die Zellmembran mit dem sarkoplas-
matischen Reticulum,

    e) fehlt in quergestreiften Muskeln.

5.73 **Actinomyosin**

    a) wirkt als ATPase,

    b) dient der Ernährung der Muskelzellen,

    c) besteht aus einer Polypeptidkette und einer
prosthetischen Gruppe,

    d) ist am Kontraktionsvorgang direkt beteiligt.

5.74 **Ca^{++}-Ionen**

    a) werden aktiv aus dem endoplasmatischen Reti-
culum in das Zellinnere transportiert,

    b) erreichen im ruhenden Muskel eine intrazellu-
läre Konzentration von 10^{-5} m,

    c) schalten Troponin als Interaktionsinhibitor
aus,

    d) hemmen die mit den Myofibrillen verbundene
ATPase,

    e) sind in ihrer Funktion bei der Muskelkontrak-
tion durch gleiche Konzentration von Cu^{++}-
Ionen ersetzbar.

5.75 **Nervenzellen finden sich bei**

    a) einigen Protozoen,

    b) allen Arthropoden,

    c) allen Mollusken,

    d) allen Anneliden,

    e) allen Prokaryoten,

    f) allen Vertebraten,

    g) allen Coelenteraten.

5.76 <u>Spezifisch für Nervenzellen ist das Vorhandensein von</u>

a) Axonen,

b) Dictyosomen,

c) haploiden Kernen,

d) Collateralen,

e) eines von Null verschiedenen Membranpoten-
tials,

f) Dendriten,

g) einer depolarisierbaren Membran.

5.77 <u>Zentripetale Erregungsleitung findet sich bei</u>

a) allen Nervenzellen,

b) motorischen Nervenzellen von Vertebraten,

c) allen motorischen Nervenzellen,

d) sensorischen Nervenzellen von Vertebraten,

e) allen sensorischen Nervenzellen,

f) keiner Nervenzelle.

5.78 <u>Welche der folgenden Zellorganellen treten in
Axonen gehäuft auf:</u>

a) Ribosomen,

b) Mikrotubuli,

c) Mikrofilamente,

d) Lysosomen.

5.79 <u>Beim Vergleich verschiedener Nervenzellen findet sich ein großer Spielraum für</u>

a) die Länge der Axone,

b) die Länge der Dendriten,

c) die Zahl der Axone,

d) die Zahl der Dendriten,

e) die Lage des Perikaryons,

f) den Ploidiegrad.

5.80 <u>Die Breite des synaptischen Spaltes beträgt
typischerweise</u>

a) 30 Å,

b) 30 nm,

c) 3 μm,

d) 30 μm.

5.81 **Eine Nervenfaser enthält**

a) jeweils mindestens eine Nervenzelle,

b) jeweils nur eine Nervenzelle,

c) jeweils auch Glia-Zellen bzw. Schwann'sche Zellen,

d) jeweils mehrere Nervenzellen.

5.82 **Markscheiden werden gebildet**

a) von allen Gliazellen,

b) von Gliazellen bzw. Schwann'schen Zellen in Nervenfasern von Vertebraten,

c) von Gliazellen bzw. Schwann'schen Zellen in Nervenfasern von Insekten,

d) von Gliazellen bzw. Schwann'schen Zellen in Nervenfasern von Krebsen,

e) teils von Gliazellen, teils von Nervenzellen in Nervenfasern von Vertebraten.

5.83 **Neurosekretorische Zellen sind gekennzeichnet durch**

a) Produktion ihrer Sekrete im Perikaryon,

b) Lage des Perikaryons in unmittelbarer Nachbarschaft einer Kapillarwand,

c) Lage ihrer Axonenenden in unmittelbarer Nachbarschaft einer Kapillarwand,

d) zentripetalen axonalen Transport ihrer Sekrete.

5.84 **Aus welchem Zelltyp gehen primäre Sinneszellen hervor?**

a) Nervenzellen,

b) Gliazellen,

c) Epithelzellen.

5.85 **Als Generator-Regionen von Nervenzellerregungen spielen eine Rolle:**

a) Die Zellmembran im Perikaryon,

b) die Zellmembran der Dendriten,

c) die Kernmembran,

d) die Axonenmembran,

e) präsynaptische Membranen,

f) postsynaptische Membranen.

5.86 <u>Durch eine Hyperpolarisation in einem Genera-
torbereich wird die Erregbarkeit der Nerven-
zellen</u>

 a) heraufgesetzt,

 b) herabgesetzt,

 c) für 80 msec ganz aufgehoben.

5.87 <u>Spitzenpotentiale</u>

 a) sind zeitlich an jedem Ort auf wenige Milli-
    sekunden beschränkt,

 b) werden entlang der Axone fortgeleitet,

 c) treten in der gleichen Zelle mit umso klei-
    neren Maximalwerten auf, je öfter sie aus-
    gelöst werden,

 d) übersteigen den Wert von 70 mV praktisch nie.

5.88 <u>Welche der folgenden Behauptungen treffen zu, und
bei welchen kann das nur mit Hilfe der Technik
der Spannungsklemme festgestellt werden?</u>

 a) Tetrodotoxin blockiert den Natrium-Kanal,

 b) Tetraäthylammonium blockiert den Kalium-Kanal,

 c) der Natriumstrom wird inaktiviert,

 d) der Kaliumstrom wird inaktiviert.

5.89 <u>Was geht beim Durchtritt eines Spitzenpotentials
durch einen Abschnitt des Axons zeitlich voraus?</u>

 a) Austritt von Na^+ dem Austritt von K^+,

 b) Austritt von Na^+ dem Eintritt von K^+,

 c) Eintritt von Na^+ dem Austritt von K^+,

 d) Eintritt von Na^+ dem Eintritt von K^+,

 e) Austritt von K^+ dem Austritt von Na^+,

 f) Austritt von K^+ dem Eintritt von Na^+,

 g) Eintritt von K^+ dem Austritt von Na^+,

 h) Eintritt von K^+ dem Eintritt von Na^+.

5.90 <u>Werden höhere Leitungsgeschwindigkeiten entlang
einer Nervenbahn ermöglicht durch</u>

 a) geringere Myelinisierung,

 b) saltatorische Erregungsleitung zwischen Ran-
    vier'schen Schnürringen,

 c) den Einbau zusätzlicher Synapsen?

5.91 <u>Elektrische Synapsen finden sich</u>

    a) in den Nerven der Coelenteraten,

    b) im Bauchmark von Anneliden,

    c) bei Vertebraten im gesamten vegetativen System.

5.92 <u>Wie hoch schätzt man die Zahl der Synapsen, die maximal zu einer Nervenzelle Kontakt herstellen?</u>

    a) nur eine,

    b) etwa 1 Dutzend,

    c) etwa 100,

    d) etwa 10000,

    e) etwa 100000,

    f) etwa 10 Millionen.

5.93 <u>Wenn an einer Nervenzelle gleichzeitig excitatorische und inhibitorische postsynaptische Potentiale auftreten, ergibt sich daraus</u>

    a) ein Vorrang der Inhibition,

    b) ein Vorrang der Excitation,

    c) eine Integration der verschiedenen Potentiale,

    d) eine Entscheidung entsprechend dem größeren Einzelpotential.

5.94 <u>Das Gegenstromprinzip wird genützt</u>

    a) in Konservierung der Wärme homöothermer Wassertiere bei der Durchblutung ihrer Extremitäten,

    b) in der Gasdrüse von Knochenfischen,

    c) im Darm von Amphibien,

    d) in der Niere von Säugetieren.

5.95 <u>Zu den wesentlichen Funktionen des Kiemenorganes gehören</u>

    a) Atmung,

    b) Osmoregulation,

    c) Thermoregulation,

    d) N-Exkretion.

5.96 <u>Die Basalmembranen von Epithelien stoffaustau-
schender Organe können</u>

a) aktiven Transport ausführen,

b) als Filter wirken,

c) den Diffusionswiderstand der Membran der
Epithelzellen herabsetzen.

5.97 <u>Die Endothelien vieler Kapillargefäße sind</u>

a) quergestreift,

b) occlusiv,

c) gefenstert strukturiert.

5.98 <u>Von welcher Struktur geht</u>

a) in Glomeruluskapillaren,

b) in Antennendrüsen von Krebsen

<u>die hauptsächliche Filterwirkung aus?</u>

c) Vom Kapillarendothel,

d) von der Basalmembran,

e) von den Spalten zwischen Podocyten.

5.99 <u>"Spezifische Exkretionsorgane" verschiedenarti-
ger Organismen werden als solche zueinander in
Beziehung gesetzt, weil</u>

a) sie jeweils den überwiegenden Anteil der N-
Exkretion auf sich vereinen,

b) in ihnen nur Filtration ohne aktiven Transport stattfindet,

c) morphologische Entsprechungen vorliegen.

5.100 <u>Metanephridien stehen in Verbindung mit</u>

a) Protonephridien,

b) dem Kiemendarm,

c) dem Coelum.

5.101 <u>Die Malpighischen Gefäße der Insekten unterscheiden sich von Vertebratennieren durch den
Fortfall</u>

a) der Filtration,

b) jeden aktiven Transports.

5.102 <u>Die Clearance für das Polysaccharid Inulin gibt
ein Maß für</u>

a) die Menge des Ultrafiltrats,

b) das Ausmaß der Rückresorption,

c) das Ausmaß aktiven Stofftransports bei der Exkretion

in den Nieren an.

5.103 Übertrifft die Clearance für einen bestimmten Stoff die des Inulins, so bedeutet das, daß dieser Stoff in den Nierentubuli

a) rückresorbiert wird,

b) aktiv sezerniert wird,

c) sich durch die Konzentration des Primärharns im Harn ansammelt.

5.104 Die für den Gasaustausch von Tieren wesentlichen physikalischen Vorgänge sind

a) Filtration,

b) Diffusion,

c) aktiver Transport.

5.105 Keine speziell ausgebildeten Atmungsorgane besitzen:

a) Coelenterata,

b) Plathelminten,

c) manche kleinen Anneliden,

d) alle Arthropoden,

e) manche Gastropoden,

f) manche kleinen Vertebraten.

5.106 Die Kiemen der Dekapoden befinden sich

a) freiliegend,

b) in Thoraxfalten,

c) in Durchbrüchen des Vorderdarms.

5.107 Die Entwicklung von Amphibien über Reptilien zu Säugern ist einhergegangen mit einer Vergrößerung

a) des Diffusionswiderstandes der gasaustauschenden Epithelien,

b) der O_2-Toleranz,

c) der respiratorischen Oberfläche.

5.108 <u>Die Tracheen der Insekten</u>

 a) sind cuticulaüberzogene Hauteinstülpungen,

 b) versehen die Gewebe des Tieres unmittelbar mit Sauerstoff,

 c) haben auch eine Bindegewebsfunktion.

5.109 <u>Die Gesamtatmungsgröße ergibt sich als</u>

 a) respiratorische Oberfläche x Diffusionskonstante des Sauerstoffs,

 b) maximales Inspirationsvolumen x Sauerstoffpartialdruck,

 c) Ventilationsrate x Extraktionswert.

5.110 <u>Kiemenatmer benötigen einen</u>

 a) gewichtsmäßig großen, aber volumenmäßig 5 x kleineren Durchsatz ihres Atemmediums, um die gleiche Sauerstoffaufnahme zu erzielen wie Lungen- oder Tracheenatmer;

 b) aufgrund des Massenerhaltungssatzes bestehen in der Hinsicht keine wesentlichen Unterschiede;

 c) das erforderliche Volumen ist etwa 20 x größer.

5.111 <u>In den Kiemen der Fische</u>

 a) werden die Kiemenlamellen von einem vielschichtigen Epithel begrenzt,

 b) durchströmt das Blut die einzelnen Lamellen unmittelbar hintereinander,

 c) erfolgt die Umspülung der Lamellen mit Wasser und die Durchströmung mit Blut im Gegenstrom.

5.112 <u>Zu den "Zerkleinerern" im Hinblick auf ihre Nahrungsaufnahme zählen</u>

 a) Wasserflöhe,

 b) Hydra,

 c) Ascidien,

 d) Schnecken,

 e) Seeigel,

 f) Schaben,

 g) die meisten Säugetiere.

5.113 <u>Das eigentliche Nahrungsfiltern bei festsitzenden Seescheiden erfolgt</u>

a) im Nahrungsstrang,

b) an den Wimpern der Dorsalzunge,

c) durch die Siebwirkung der Kiemenspalten,

d) durch die vom Endostyl abgeschiedenen Schleimfilter,

e) an der Wand des Peribranchialraumes.

5.114 Die Radula der Mollusken dient

a) zum Filtern,

b) zum Zerkleinern,

c) zur chemischen Aufbereitung,

d) zur Resorption

der Nahrung.

5.115 Kaumägen finden sich bei

a) Ascidien,

b) Schaben,

c) Säugetieren,

d) Vögeln,

e) dekapoden Krebsen.

5.116 Ein heterodontes Gebiß ist typisch für

a) Fische,

b) Reptilien,

c) Säugetiere,

d) ausschließlich für Carnivoren.

5.117 Bei den Arthropoden findet sich eine Chitinauskleidung des Darmes

a) durchwegs,

b) nur dorsal,

c) im Vorderdarm,

d) im Enddarm.

5.118 Mehrschichtige Epithelien in einzelnen Darmabschnitten von Säugetieren weisen hin auf

a) endodermale Herkunft des Epithels,

b) ektodermale Herkunft des Epithels,

c) das Fehlen einer peritrophischen Membran.

5.119 <u>Welchen der folgenden Organe fließen außer ar-
teriellem auch venöses Blut zu?</u>

    a) Den Speicheldrüsen,

    b) dem Pankreas,

    c) der Leber,

    d) dem Dünndarmepithel.

5.120 <u>Eine direkte Resorption von Nahrung aus dem
Darm findet statt in</u>

    a) die Mitteldarmdrüse von Mollusken,

    b) die Leber der Säugetiere,

    c) die Mitteldarmdrüsen von Spinnen,

    d) die Fettkörper der Insekten,

    e) die Chloragogenzellen der Anneliden,

    f) die Leber der Vögel.

5.121 <u>An der Verdauung der Nahrung durch Hydrolyse
sind Enzyme folgender Spezifitäten beteiligt:</u>

    a) Exopeptidasen,

    b) Endopeptidasen,

    c) α-Glucosidasen,

    d) ß-Glucosidasen,

    e) Lipasen,

    f) Ribonucleasen,

    g) Desoxyribonucleasen,

    h) Phosphatasen.

5.122 <u>Hängt die Tatsache, daß in verschiedenen Darmabschnitten sich bestimmte Enzyme in ihren Ver-
dauungsleistungen (Substratumsatz) unterscheiden, nur von dem unterschiedlichen pH in diesen
Darmabschnitten ab?</u>

5.123 <u>Die hauptsächliche Detergens-Wirkung im Verdau-
ungsvorgang von Säugetieren kommt dem Sekret</u>

    a) der Mundspeicheldrüse,

    b) der Magenschleimhaut,

    c) des Pankreas,

    d) der Leber

<u>zu.</u>

5.124 **Die Verdauung von Keratin im Darm von Kleidermotten wird ermöglicht durch**

    a) eine für Keratin spezifische Protease,

    b) eine ungewöhnlich hohe Salzkonzentration,

    c) ein stark saures pH,

    d) ein negatives Redoxpotential.

5.125 **Die Resorption der Glucose erfolgt**

    a) beim Menschen durch aktiven Transport,

    b) bei vielen Insekten durch Diffusion,

    c) beim Menschen in Konkurrenz zu anderen Hexosen,

    d) beim Menschen schneller als die Resorption aller anderen Hexosen.

5.126 **Die Resorption der Aminosäuren im Wirbeltier erfolgt**

    a) separat für jede Aminosäure durch ein spezifisches Transportsystem,

    b) durch ein gemeinsames Transportsystem,

    c) durch gruppenspezifische Transportsysteme,

    d) unter Bevorzugung der L-Formen,

    e) unter Verbrauch von Stoffwechselenergie.

5.127 **Vom Wirt celluloseaufschließender symbiontischer Bakterien, z.B. von Ruminantien, werden als Nahrung resorbiert**

    a) die von den Symbionten produzierte Cellulose,

    b) die durch den Celluloseabbau entstandenen Hexosen,

    c) von den Symbionten gebildete kurzkettige Fettsäuren,

    d) die Zellen der Symbionten selbst nach Verdauung.

5.128 **Welcher Teil des Ruminantienmagens ist dem Magen anderer Säuger homolog?**

    a) Der Pansen,

    b) der Netzmagen,

    c) der Blättermagen,

    d) der Labmagen.

5.129 __Mycetome sind__

    a) symbiontische Pilze bei einigen Insekten,

    b) Blindsäcke des Insektendarms,

    c) spezielle Organe mit intrazellulären Symbionten,

    d) Ventralganglien, die speziell die Sekretion der Darmepithelien von Insekten hemmen.

5.130 __In welcher Reihenfolge passiert die Nahrung die folgenden Abschnitte des Darmkanals einer Schabe?__

    a) Oesophagus,

    b) Kropf,

    c) Pharynx,

    d) Dünndarm,

    e) Kaumagen,

    f) Rectum,

    g) Pylorus,

    h) Mitteldarm,

    i) Valvula cardiaca.

5.131 __Die Belegzellen des (menschlichen) Magens sezernieren__

    a) Pepsin,

    b) Trypsin,

    c) Amylase,

    d) Bikarbonat,

    e) Salzsäure,

    f) Lipase.

5.132 __Aminosäuren, Monosaccharide und Ionen werden aktiv transportiert__

    a) aus dem Darmlumen in die Zellen des Darmepithels,

    b) aus den Zellen des Darmepithels in die Lymphgefäße,

    c) aus den Zellen des Darmepithels in die Kapillaren des Blutgefäßsystems.

5.133 <u>Welche Faktoren tragen bei zur Vergrößerung der</u>
<u>resorbierenden Oberfläche des Dünndarms?</u>

    a) Ausbildung von Falten,

    b) Ausbildung von Zotten,

    c) Ausbildung mehrerer Epithelschichten,

    d) Ausbildung von Mikrovilli an der Epithelober-
       fläche.

5.134 <u>Medusenlarven besitzen</u>

    a) nur einzeln am Schirmrand gelegene Nerven-
       zellen,

    b) Nervennetze,

    c) Ventralganglien,

    d) ein Strickleiternervensystem.

5.135 <u>Ganglien</u>

    a) sind Anhäufungen von Nervenzellkörpern mit
       Gliazellen,

    b) sind meist Bestandteile von Zentralnerven-
       systemen,

    c) entstehen aus Marksträngen durch Querver-
       netzungen,

    d) sind zwar funktionell, aber nicht morpholo-
       gisch charakterisierbar,

    e) sind miteinander meist durch Nervenfaser-
       bündel verbunden.

5.136 <u>Receptorpotentiale</u>

    a) haben über der gesamten Zelloberfläche den
       gleichen Wert,

    b) hängen ihrem Wert nach oft logarithmisch ab
       von der Stärke des auslösenden Reizes,

    c) folgen in ihrem Auftreten einem "Alles-oder-
       Nichts"-Gesetz,

    d) steuern die Auslösung von afferenten Nerven-
       impulsen und zwar mit entsprechend der Höhe
       des Potentials steigender Häufigkeit.

5.137 **Phasische Rezeptoren**

    a) zeigen ein allmähliches Anwachsen des Generatorpotentials bei längerem Einwirken eines konstanten Reizes,

    b) zeigen Akkomodation an einen Reiz,

    c) zeigen Adaption an einen Reiz,

    d) beantworten das Neuauftreten eines Reizes mit einer raschen Folge von Nervenimpulsen, denen dann eine der Reizstärke proportionale Entladungshäufigkeit folgt,

    e) reagieren mit Nervenimpulsen nur auf Änderungen der sie treffenden Reizintensität.

5.138 **Die Sinneszellen welcher der folgenden Organe reagieren auf mechanische Reize**

    a) Tasthaare von Insekten,

    b) die Seitenlinienorgane der Fische,

    c) Pancini'sche Körperchen,

    d) Corti'sches Organ,

    e) die Retina,

    f) Olfaktorisches Epithel.

5.139 **Das Bogengangsystem des Labyrinthes der Wirbeltiere ist**

    a) ein Organ zur Erfassung des äußeren Schwerefeldes,

    b) ein Organ zur Erfassung von Drehbewegungen,

    c) mit Mechanorezeptoren ausgestattet,

    d) ein Gehörorgan,

    e) mit Endolymphe gefüllt.

5.140 **Als Tastsinnesorgane bei Arthropoden fungieren**

    a) Haare in der Cuticula, die auf einen Tubularkörper wirken,

    b) ein Poren der Cuticula begrenzender Kranz von Sinneszellen.

Sie dienen z.T. gleichzeitig als

    c) Lichtsinneszellen,

    d) Chemorezeptoren,

    e) Propriorezeptoren.

5.141 <u>Die Schweresinnesorgane von Wirbellosen unterscheiden sich von denen der Wirbeltiere im all-
gemeinen</u>

a) durch das Fehlen von Statolithen,

b) durch ihren Besatz mit primären Sinneszellen.

5.142 <u>Die Sinneszellen des Säugetierohres befinden
sich</u>

a) am Trommelfell,

b) im Mittelohr,

c) im Corti'schen Organ,

d) auf dem Foramen ovale.

5.143 <u>Zur Gewinnung der Tonhöheninformation durch das
Gehör tragen bei</u>

a) Erfassung des Abklingens der Schallintensität
bei der Übermittlung durch das Mittelohr,

b) ausschließlich das alleinige Ansprechen der
für die gegebene Tonhöhe spezifische Sinneszellen,

c) das Ansprechen von Sinneszellen mit verschiedenem Verteilungsmuster bei verschiedenen
Tonhöhen,

d) zentrale Verrechnung der von den Sinneszellen abgeleiteten Impulse,

e) das zeitliche Muster der Impulse bei tiefen
Tönen,

f) das zeitliche Muster der Impulse bei hohen
Tönen.

5.144 <u>Auflösung zeitlicher Erregungsmuster genauer
als 10^{-4} sec ist für den Menschen erforderlich
für</u>

a) Erkennen der Lautstärke eines Tones,

b) Erfassung der Oberschwingungen eines Tones
jenseits der dritten Oktave,

c) Richtungshören,

d) Erfassen von Tonhöhenunterschieden kleiner
als einen halben Ton.

5.145 <u>Tympanalorgane finden sich bei einigen</u>

a) Laubheuschrecken,

b) Fröschen,

c) Zikaden,

d) Nachtfaltern

<u>bzw.</u>

e) auf der Rückenhaut,

f) im letzten Brustsegment,

g) im ersten Hinterleibssegment,

h) in den Schienen der Vorderbeine.

5.146 <u>Tiere mit ungewöhnlich entwickeltem Geruchssinn
verdanken diesen vergleichsweise i.a.</u>

a) empfindlicheren Sinneszellen,

b) dem Fortfall des olfaktorischen Saums,

c) einer Vergrößerung des olfaktorischen Epithels,

d) besserer nervlicher Versorgung der einzelnen
Sinneszellen.

5.147 <u>Typisch für olfaktorische Sinneszellen ist, daß
sie</u>

a) entwicklungsgeschichtlich aus Nervenzellen
hervorgegangen sind,

b) an ihrer apikalen Seite ein Bündel abgewan-
delter Cilien tragen,

c) mit Chemorezeptoren ausgestattet sind,

d) im Zellinneren großenteils mit einer regelmäßig gestapelten Membran erfüllt sind.

5.148 <u>Die Riechzellen der Insekten</u>

a) sind strukturell denen der Wirbeltiere ähnlich,

b) sind einzeln in porösen cuticulären Haaren
angeordnet,

c) sprechen z.T. nur auf bestimmte Moleküle an
(Spezialisten),

d) sprechen z.T. auch auf eine große Vielfalt
von Molekülen an (Generalisten),

e) verschlüsseln die Geruchsinformation in jedem Falle als Steigerung der Frequenz der
von ihnen ausgehenden Nervenimpulse.

5.149 <u>Gibt es Fälle, in denen ein einziges Molekül eines Riechstoffes ausreicht, um eine Rezeptorzelle zu erregen?</u>

5.150 <u>Sekundäre Sinneszellen treten auf in den Geschmacksorganen</u>

    a) der Insekten,

    b) der Wirbeltiere.

5.151 <u>Lichtsinneswahrnehmung gibt es</u>

    a) bereits bei Einzellern,

    b) bei Vielzellern nur in Augen mit lichtbrechenden Apparaten,

    c) nur im Zusammenhang mit Lichtabsorption,

    d) in Ocellen der Strudelwürmer,

    e) in den Pigmentzellen der Strudelwürmer.

5.152 <u>Das Rhabdomer der Retinulazellen in Komplexaugen ist</u>

    a) eine dichtgepackte Membranstruktur,

    b) frei von Pigment,

    c) entwicklungsgeschichtlich von Cilien abgeleitet,

    d) im Auge so angeordnet, daß seine Längsrichtung mit der Einfallsrichtung des Lichtes übereinstimmt.

5.153 <u>Kameraaugen finden sich</u>

    a) bei Mollusken,

    b) bei Tintenfischen,

    c) bei Insekten,

    d) bei Pfeilschwanzkrebsen,

    e) bei Fischen,

    f) bei landlebenden Wirbeltieren.

5.154 **Das Auge höherer Tintenfische ähnelt dem des Menschen im**

a) Feinbau seiner Lichtsinneszellen,

b) Schema seiner Embryonalentwicklung,

c) seiner paarigen Anordnung,

d) Besitz eines Augenlides,

e) Abschluß nach außen durch eine Cornea,

f) lichtbrechenden System,

g) Besitz zweier verschiedener Typen von Lichtsinneszellen,

h) Fehlen von Rhabdomen,

i) Besitz der Fähigkeit, scharfe Bilder auf der Retina zu entwerfen,

j) Vorhandensein eines Bezirkes höchster Sehkraft auf der Retina.

5.155 **Bei welchen Tiergruppen findet die Akkomodation durch Änderung der Linsenform statt?**

a) Tintenfische,

b) Fische,

c) Frösche,

d) Lurche,

e) Schlangen,

f) Krokodile,

g) Vögel.

h) Säugetiere.

5.156 **In der Fovea entspricht zwei eben noch aufgelösten Bildpunkten ein Abstand von**

a) 10 nm,

b) etwa dem Hundertstel eines Zelldurchmessers,

c) etwa dem Abstand zweier Zapfen,

d) etwa 5 µm,

e) etwa dem Abstand zweier Stäbchen,

f) etwa 20 µm,

g) einer Scheibe, die mit etwa 300 Zapfen besetzt ist,

h) vom jeweiligen Durchmesser der Pupille.

5.157 <u>Die unterschiedliche spektrale Empfindlichkeit</u>
<u>dreier verschiedener Zapfentypen in der Retina</u>
<u>des Menschen ermöglicht</u>

 a) ein höheres zeitliches Auflösungsvermögen der
 Lichtsinnesreize (Bewegungssehen!) als bei
 Insekten,

 b) eine höhere Sehschärfe als bei Insekten,

 c) Farbensehen

<u>und kommt zustande durch</u>

 d) verschiedene Abschirmung durch Pigmentzellen,

 e) unterschiedliche molekulare Formen des Seh-
 farbstoffes Retinal,

 f) unterschiedliche Opsine.

5.158 <u>Zu welchen der folgenden Leistungen sind die</u>
<u>Komplexaugen der Bienen, nicht aber die Augen</u>
<u>des Menschen befähigt?</u>

 a) Wahrnehmung der Polarisation einfallenden
 Lichtes,

 b) Wahrnehmung ultravioletten Lichtes,

 c) Wahrnehmung infraroten Lichtes,

 d) Wahrnehmung von Licht zwischen 500 und 600 nm
 Wellenlänge.

5.159 Laterale Inhibition findet statt

 a) in den einzelnen Rhabdomeren von Arthropo-
 denaugen,

 b) in den Zapfen der Wirbeltieraugen,

 c) in den der Retina angehörenden Nervenzellen,

 d) zentral in der Sehrinde von Wirbeltieren

<u>und bewirkt</u>

 e) dreidimensionales Sehen,

 f) gesteigerte Bildschärfe durch erhöhten Kon-
 trast,

 g) Erweiterung des Gesichtsfeldes.

5.160 <u>Welche der folgenden Typen aktiver Bewegung</u>
<u>spielen eine Rolle im Leben von Wirbeltieren?</u>

 a) Muskelbewegung,

 b) amöboide Bewegung,

 c) Flimmerbewegung.

5.161 <u>Ein Hohlmuskelsystem ist gegeben</u>

    a) im Fuß der Mollusken,

    b) im Schirm von Medusen,

    c) in der Körperwand von Anneliden,

    d) in der Darmwand von Wirbeltieren,

    e) in der Magenwand von Wirbeltieren,

    f) in der Wand von Blutgefäßen von Wirbeltieren,

    g) in der Zunge von Säugetieren.

5.162 <u>Durch welche der folgenden Eigenschaften ist ein schneller Muskel im Vergleich zu einem langsamen Muskel gekennzeichnet?</u>

    a) Durch Annäherung an das Maximum des aktiven Zustandes bereits bei einmaliger Reizung,

    b) durch das Erfordern einer höheren Impulsfrequenz zur Tetanisierung,

    c) das Maximum der Kontraktion fällt zeitlich mit dem Maximum des aktiven Zustandes zusammen,

    d) die maximal entwickelte Zugspannung ist höher,

    e) durch Erreichen der maximal möglichen Kontraktion schon bei einmaliger Reizung.

5.163 <u>Nimmt die von einem Muskel maximal zu entwikkelnde Spannung noch zu, wenn der Muskel passiv vorgedehnt wurde?</u>

5.164 <u>Typisch für die glatte Muskulatur ist, daß</u>

    a) die einzelnen Muskelzellen gegeneinander nicht elektrisch isoliert sind,

    b) auch die neuromuskuläre Übertragung durch elektrische Synapsen erfolgt,

    c) Einzelkontraktionen wesentlich langsamer sind als bei quergestreifter Muskulatur,

    d) myogene Automatik auftritt,

    e) Ca^{++} bei der elektromechanischen Kopplung keine Rolle spielt.

5.165 <u>Durch welche der folgenden Eigenschaften unterscheidet sich die quergestreifte Skelettmuskulatur der Arthropoden von der der Wirbeltiere?</u>

    a) Polyneurale Innervation,

    b) multiterminale Innervation,

c) die Überträgersubstanz ist nicht Acetylcholin,

d) die synaptischen Potentiale allein lösen
schon eine Kontraktion der Muskelfaser aus,

e) die Spitzenpotentiale werden nicht aktiv
fortgeleitet,

f) die Spitzenpotentiale genügen nicht dem
"Alles-oder-Nichts"-Gesetz,

g) die Innervierung ist stets nur eine erregende.

5.166 <u>Bei der, bei manchen Insekten auftretenden, myogenen Rhythmik der Flugbewegungen spielen eine
entscheidende Rolle</u>

a) gegenseitige Inhibition der antagonistischen
Muskeln,

b) myogene Spitzenpotentiale, die jeweils den
antagonistischen Muskel direkt aktivieren,

c) die Aktivierung durch einen "Startermuskel",

d) die Beteiligung asynchroner Muskeln,

e) Dehnungsaktivierung.

5.167 <u>Eine hohe Anzahl von Säulen im elektrischen
Organ von Fischen sichert diesem Organ</u>

a) die gleichzeitige Funktion als kontraktiler
Muskel,

b) eine hohe Entladungsfrequenz,

c) eine hohe Stromstärke der Entladung,

d) eine hohe Spannung der Entladung.

5.168 <u>Welche der folgenden Strukturen finden sich in
der Cutis von Säugetieren eingebettet?</u>

a) Bindegewebe,

b) Sinneszellen,

c) Muskeln,

d) Stratum germinativum,

e) Melanocyten,

f) Xanthophoren,

g) Nervenfasern.

5.169 <u>Änderungen der Hautfärbung bei Fischen ergeben</u>
<u>sich durch</u>

a) Abgabe von Pigmenten an Epidermiszellen,

b) nervös gesteuerte Formänderung von Chromatophoren,

c) hormonell gesteuerte Formänderung von Chromatophoren,

d) hormonell gesteuerte Änderungen der Pigment-
verteilung in Chromatophoren,

e) nervös gesteuerte Änderungen der Pigmentver-
teilung in Chromatophoren.

5.170 <u>Welche der folgenden Strukturen leiten ihre ver-</u>
<u>festigten Bestandteile von der Epidermis ab?</u>

a) Haare der Säuger,

b) Federn der Vögel,

c) Schuppen der Reptilien,

d) Schuppen der Knochenfische,

e) Schuppen der Haie.

5.171 <u>Ordne die Schichten der Haut der Arthropoden</u>
<u>von innen nach außen:</u>

a) Cuticulinschicht,

b) Exocuticula,

c) Basalmembran,

d) Epidermis,

e) Endocuticula,

f) Proteinepicuticula;

<u>Welche Schichten werden bei einer Häutung re-</u>
<u>sorbiert?</u>

5.172 <u>Welche Schichten einer Molluskenschale enthal-</u>
<u>ten ein Proteingerüst?</u>

a) Die Perlmutterschicht,

b) die Prismenschicht,

c) das Periostracum.

5.173 <u>Chromatophoren bei Cephalopoden</u>

a) existieren in unterschiedlichen Formen, mit
verschiedenen Pigmenten,

b) sezernieren Pigment,

   c) vollziehen Farbwechsel durch rasche enzyma-
      tische Umformung ihrer Pigmente in Leukofor-
      men und umgekehrt aufgrund hormoneller Im-
      pulse,

   d) ändern ihre Lichtabsorption durch muskuläre
      Verformung des Pigmentsackes.

5.174 Antikörper werden gebildet

   a) von Arthropoden und Vertebraten,

   b) von Vertebraten,

   c) nur von Vertebraten und einigen Mollusken,

   d) nur von Säugetieren.

**5.175 Welche Moleküle lösen bei ihrer Injektion in
ein Versuchstier Immunreaktionen aus?**

   a) Alle Moleküle aus fremden Organismen,

   b) alle Moleküle von hinreichend hohem Moleku-
      largewicht,

   c) Serumproteine verwandter Spezies,

   d) die inerten chemisch-synthetischen Verbin-
      dungen mit einem Molekulargewicht bis hinauf
      zu etwa 150,

   e) die meisten an Proteine gekoppelten chemisch-
      synthetischen Verbindungen.

**5.176 Beruht die Spezifität von Immunzellen und die
von Antikörpern auf verschiedenartigen Mechanismen?**

**5.177 Führt die spezifische Erkennung von antigenen
Determinanten durch Antikörper stets zur Bildung eines Immunpräzipitates?**

5.178 Die Antigen-Antikörper-Bindung

   a) geschieht durch Hauptvalenzkräfte,

   b) beruht jeweils auf einer schwachen Wechsel-
      wirkung,

   c) beruht auf mehreren schwachen Wechselwirkun-
      gen gleichzeitig,

   d) ist in erster Linie von der Anwesenheit re-
      aktiver Gruppen in der antigenen Determinan-
      te abhängig,

   e) ist in erster Linie von der dreidimensiona-
      len Form der antigenen Determinante abhängig.

5.179 <u>Welche Unterschiede ergeben sich beim Vergleich
verschiedener Antikörper (Immunglobuline) als
durch ihre Spezifität bedingt?</u>

   a) allein solche der Faltung der Polypeptid-
      ketten bei gleichen Aminosäuresequenzen;

   <u>solche der Aminosäuresequenzen</u>

   b) nur in den L-Ketten,

   c) nur in den H-Ketten,

   d) jeweils nur in einer der beiden H-Ketten
      und einer der beiden L-Ketten,

   e) bei den L-Ketten solche im Bereich des N-ter-
      minalen Viertels und nur dort,

   f) bei den H-Ketten solche im Bereich des N-ter-
      minalen Viertels und nur dort,

   g) bei den L-Ketten solche im Bereich des C-ter-
      minalen Viertels und nur dort,

   h) bei den H-Ketten solche im Bereich des C-ter-
      minalen Viertels und nur dort,

   i) bei den L-Ketten solche im Bereich der N-ter-
      minalen Hälfte und nur dort,

   j) bei den H-Ketten solche im Bereich der N-ter-
      minalen Hälfte und nur dort,

   k) bei den L-Ketten solche im Bereich der C-ter-
      minalen Hälfte und nur dort,

   l) bei den H-Ketten solche im Bereich der C-ter-
      minalen Hälfte und nur dort.

5.180 <u>Sind die von einer Plasmazelle produzierten
Immunglobuline alle von gleicher Spezifität?</u>

5.181 Antikörper produzierende Zellen

   a) entstehen aus B-Zellen, die das zugehörige
      Antigen spezifisch binden,

   b) entstehen aus T-Zellen, die das zugehörige
      Antigen spezifisch binden,

   c) entstehen in hoher Zahl nur, wenn eine Wech-
      selwirkung für das Antigen spezifischer B-
      Zellen und irgendwelcher T-Zellen stattge-
      funden hat,

   d) entstehen in hoher Zahl nur, wenn eine Wech-
      selwirkung irgendwelcher B-Zellen mit für
      das Antigen spezifischen T-Zellen stattge-
      funden hat,

e) entstehen in hoher Zahl nur, wenn eine Wechselwirkung für das Antigen spezifischer B-Zellen mit ebenfalls für das Antigen spezifischer T-Zellen stattgefunden hat,

f) können nur solche Zellen sein, deren Mutterzelle vor der letzten Teilung das Antigen noch nicht spezifisch gebunden hat.

5.182 <u>Welche der folgenden Antikörperklassen (a-d) steht insbesondere im Zusammenhang mit den unter e-g erwähnten Wirkungen?</u>

a) IgG,

b) IgM,

c) IgA,

d) IgE,

e) Allergien,

f) komplementabhängige Bakteriolysen,

g) Auftreten in Sekreten.

5.183 <u>Immuntoleranz</u>

a) beschränkt sich auf Antigene, die in dem toleranten Tierorganismus erstmals kurz nach der Geburt aufgetreten sind,

b) ist für jedes einzelne Antigen angeboren,

c) ist für bestimmte Antigene für das Überleben eines jeden im Besitz eines Immunsystems befindlichen Tieres notwendig,

d) weist den gleichen Grad von Antigenspezifität auf wie die Immunreaktionen.

5.184 <u>Die Abstoßung von Organtransplantaten wird bewirkt durch</u>

a) kleine Lymphocyten,

b) Phagocyten,

c) Plasmazellen,

d) zirkulierende Antikörper.

6. Strukturelle und funktionelle Integration im Gesamtorganismus

6.1 <u>Welche der folgenden Symmetrieelemente sind zur angenäherten Beschreibung einzelner, nicht allseitig-symmetrischer Tierstämme heranzuziehen?</u>

    a) Spiegelebene,

    b) zweizählige Drehachsen,

    c) dreizählige Drehachsen,

    d) fünfzählige Drehachsen,

    e) zwei aufeinander senkrechte Spiegelebenen,

    f) drei aufeinander senkrechte Spiegelebenen,

    g) Translationsachsen.

6.2 <u>Als distal bezeichnet man eine Zone, die</u>

    a) oberhalb einer Rücken- und Bauchseite trennenden Ebene liegt,

    b) näher dem Bezugskörper liegt,

    c) ferner dem Bezugskörper liegt.

6.3 <u>Zu den Protophyten zählt man</u>

    a) die Organismen ohne typischen Zellkern,

    b) alle Einzeller,

    c) Einzeller oder lockere Verbände von Einzellern.

6.4 <u>Organismen bezeichnet man als polyenergid, wenn</u>

    a) mehrere Wege zur Energiegewinnung zur Verfügung stehen,

    b) sie vielkernig ohne trennende Zellwände sind,

    c) sie mehrere Fortpflanzungsformen entwickelt haben.

6.5 <u>Unter einem Plektenchym versteht man</u>

    a) ein aus einer Scheitelzelle hervorgegangenes Parenchym,

    b) dichte Mycelien ausschließlich bei Pilzen,

    c) postgenital vereinigte Zellfäden bei verschiedenen Pilzen und Algen.

6.6 <u>Ein Seitenzweig entsteht bei den Laubmoosen</u>

    a) stets unter den Blättchen,

    b) stets über den Blättchen,

    c) stets neben den Blättchen,

    d) unabhängig von der Position der Blättchen.

6.7 <u>Submerse Wasserpflanzen sind durch folgende Baumerkmale gekennzeichnet:</u>

    a) sie besitzen keine Cuticula,

    b) sie haben keine Spaltöffnungen,

    c) ihnen fehlt allgemein das Intercellularensystem,

    d) sie haben kein Festigungsgewebe,

    e) das Phloem ist unterentwickelt,

    f) Wasserleitungselemente fehlen,

    g) sie weisen eine wenig zerteilte Oberfläche auf,

    h) sie haben niemals eine Wurzel.

6.8 <u>Xerophyten haben folgende charakteristische Baumerkmale:</u>

    a) Dicke Cuticula,

    b) Wachsüberzüge,

    c) dichte Behaarung,

    d) über die Epidermis emporgehobene Spaltöffnungen,

    e) unifacialer Blattbau,

    f) Ausbildung von reichlich Sklerenchym,

    g) große Blätter.

6.9 <u>Zu den Vollparasiten gehören u.a.:</u>

    a) Orobanche,

    b) Viscum,

    c) Neottia,

    d) Melampyrum,

    e) Corallorhiza,

    f) Sonnentau,

    g) Cuscuta,

    h) Monotropa,

    i) Wasserschlauch.

6.10 <u>Protozoen sind allgemein gekennzeichnet durch</u>

    a) das Auftreten von Pseudopodien,

    b) den Besitz von Flagellen,

    c) das Auftreten von Makronuclei,

    d) Einzelligkeit,

    e) den Besitz einer Zentralkapsel.

6.11 <u>Welche speziellen Funktionen erfüllen Pseudopo-
dien bei Amoeben?</u>

    a) Zellbewegung,

    b) Nahrungsaufnahme,

    c) Osmoregulation,

    d) mechanischen Schutz der Zelle.

6.12 <u>Charakteristisch für Radiolarien sind</u>

    a) strahlenförmig vom Zentralkörper ausgehende
       Pseudopodien,

    b) der Besitz einer Zentralkapsel,

    c) Vorkommen nur im Süßwasser.

6.13 <u>Ciliaten sind gekennzeichnet durch</u>

    a) Besitz von Makro- und Mikronuclei,

    b) dauernde Bewimperung,

    c) ausschließlich marines Vorkommen,

    d) Besitz eines Zellmundes.

6.14 <u>Bei Cnidarien finden sich allgemein</u>

    a) Ektoderm und Endoderm,

    b) ein Gastralraum,

    c) mehrere Öffnungen des Gastralraumes,

    d) Epithelmuskelzellen,

    e) Nervennetze,

    f) Nesselkapseln.

6.15 <u>Bei Plathelminthen finden sich</u>

    a) ein blindgeschlossener Darm,

    b) ein Blutgefäßsystem,

    c) ein Protonephridialsystem,

    d) Markstränge,

    e) zwittrige Geschlechtsorgane.

6.16 <u>Charakteristisch für Nemathelminthen ist</u>

    a) das Auftreten von Syncytien,

    b) ein geschlossenes Blutgefäßsystem,

    c) eine nahezu vollständig von Geweben erfüllte Leibeshöhle,

    d) Zellkonstanz.

6.17 <u>Bei Anneliden finden sich</u>

    a) eine Einteilung des Körpers in Segmente,

    b) ein Strickleiternervensystem,

    c) ein durchgehender Darm,

    d) ein Blutgefäßsystem.

6.18 <u>Insekten sind allgemein gekennzeichnet durch das Auftreten von</u>

    a) gegliederten Extremitäten,

    b) segmentalen Coelumräumen,

    c) einem offenen Blutgefäßsystem,

    d) Metanephridien,

    e) Malpighischen Gefäßen.

6.19 <u>Welche der folgenden Organe bzw. Bildungen werden bei Mollusken nicht gefunden?</u>

    a) Radula,

    b) Mitteldarmdrüse,

    c) Ganglien,

    d) Kiemen,

    e) dorsale Cuticula.

6.20 <u>Welche Organsysteme weisen bei Echinodermata nicht durchwegs radiäre Symmetrie auf?</u>

    a) Das Nervensystem,

    b) das Blutgefäßsystem,

    c) das Ambulacralgefäßsystem,

    d) der Darm.

6.21 <u>Die Acrania besitzen</u>

    a) eine Chorda dorsalis,

    b) einen Kiemendarm,

    c) ein Neuralrohr,

    d) einen Schädel,

    e) einen Peribranchialraum,

    f) ein Blutgefäßsystem,

    g) ein Herz.

6.22 <u>Welche Knochen der Knochenfische sind</u>

    a) Hammer,

    b) Amboß,

    c) Steigbügel

<u>der Säuger homolog?</u>

    d) Hyomandibulare,

    e) Quadratum,

    f) Articulare,

    g) Dentale,

    h) 3. Kiemenbogen.

6.23 <u>Welche der folgenden Eigentümlichkeiten sind bei
Parasiten als Anpassungen an die parasitäre Le-
bensweise zu erwarten bzw. zu deuten?</u>

    a) Ein feinverteilter Darm,

    b) Saugnäpfe,

    c) differenzierte Bewegungsorgane,

    d) eine sehr zahlreiche Nachkommenschaft.

6.24 <u>Als Mimikry eines Tieres bezeichnet man</u>

    a) das Tragen einer "Warntracht",

    b) eine als Tarnung geeignete Färbung,

    c) eine durch Farbwechsel erzielte Anpassung an
       die jeweilige Umwelt,

    d) die Imitation der Warntracht einer anderen
       Tierart.

6.25 <u>Welche der folgenden physiologischen Effekte
sind</u>

    a) als Proportionalregelung,

    b) als Integralregelung,

    c) als Feed-forward-Steuerung aufzufassen?

    d) Die Begrenzung des Blutzuckers durch Aus-
       scheidung im Harn,

    e) die Pupillenreaktion höherer Wirbeltiere,

    f) die Pupillenreaktion bei niederen Wirbeltie-
       ren,

    g) die Pufferung des Blut-pH,

    h) die Regelung des Blutdruckes im Zentralbereich
       von Säugetieren.

6.26 Lassen synchrone periodische Bewegungen in einem Vielzeller auf ein bestimmtes Koordinationszentrum im Zentralnervensystem schließen?

6.27 Unter Chemolithotrophie versteht man

    a) die Mobilisierung von Mineralsalzen aus Ge-
       stein,

    b) eine Ernährungsweise, bei der Stickstoff und
       Schwefel in anorganischer Form verwendet
       wird, die Energie für die Umsetzungen aus dem
       Licht stammt,

    c) den Gewinn der für die autotrophe CO_2-Assi-
       milation notwendigen Energie aus der Oxida-
       tion anorganischer Substrate.

6.28 Obligat chemolithotrophe Organismen sind

    a) Thiobacillus,

    b) Knallgasbakterien,

    c) alle Eubacteriaceen,

    d) nitrifizierende Bakterien,

    e) Cyanophyceen.

6.29 Die Sauerstoffaufnahme eines tierischen Organismus

    a) steht in einem für alle Tiere gleichen festen
       Verhältnis zu der Abgabe an CO_2,

    b) steht in einem für die jeweilige Tierart cha-
       rakteristischen festen Verhältnis zu der Ab-
       gabe an CO_2,

    c) ergibt ein unteres Maß für die aufgenommene
       Nahrungsmenge,

    d) ergibt ein oberes Maß für die aufgenommene
       Nahrungsmenge.

6.30 <u>Der Nährwert stimmt mit dem kalorischen Wert
überein bei</u>

a) Proteinen,

b) Kohlenhydraten,

c) Fetten.

6.31 <u>Welche Form der N-Exkretion ist mit dem höchsten
Energieverlust (als kalorischer Wert der Exkre-
te pro g N) verbunden?</u>

a) Ammoniak,

b) Harnstoff,

c) Harnsäure.

6.32 <u>Ein respiratorischer Quotient wesentlich größer
als 1 kann hinweisen auf</u>

a) beträchtlichen Anteil von Gärungen an den
energieliefernden Prozessen des Organismus,

b) ausschließlichen oxidativen Abbau von Kohlenhydraten als energieliefernder Prozeß,

c) Bildung von Reservefetten aus Kohlenhydraten,

d) Bestreiten des Energiestoffwechsels hauptsächlich aus Reservefetten.

6.33 <u>Bei vorgegebener Menge der einzelnen Nahrungs-
bestandteile sowie vorgegebenen Mengen der einzelnen Ausscheidungsprodukte ist die gesamte im
Stoffwechsel eines Organismus entwickelte Wärme
stets umso größer, je</u>

a) mehr körpereigene Substanz aufgebaut und Ar-
beit von dem Organismus geleistet wurde,

b) schneller die einzelnen Stoffwechselreaktionen ablaufen,

c) mehr Stoffwechselreaktionen beteiligt sind.

6.34 <u>Wird der Grundumsatz von Vögeln einerseits, von
Säugetieren andererseits in doppelt logarithmi-
schen Maßstab in Abhängigkeit vom Körpergewicht
aufgetragen, ergeben sich in guter Näherung</u>

a) eine eigene Parabel für jede Spezies,

b) eine Parabel für alle Vögel, eine andere für
alle Säugetiere,

c) eine gemeinsame Parabel für alle Säugetiere
und Vögel,

d) eine eigene Gerade für jede Spezies,

e) eine Gerade für alle Vögel, eine andere für
alle Säuger,

f) eine gemeinsame Gerade für alle Säugetiere
und Vögel.

6.35 <u>Wird eine über die Größenabhängigkeit hinausge-
hende Altersabhängigkeit des Grundumsatzes von
Säugetieren gefunden?</u>

6.36 <u>Nimmt der Sauerstoffverbrauch von Insekten relativ gesehen mit steigender Körpergröße</u>

a) rascher,

b) nach dem gleichen Gesetz,

c) langsamer

<u>zu als der Grundumsatz von Vögeln?</u>

6.37 <u>Wie hoch etwa liegt der Sauerstoffverbrauch in
ml/g/Std</u>

a) einer Biene in Ruhe,

b) einer Biene im Flug,

c) eines ruhenden Menschen (Grundumsatz),

d) eines Menschen in angestrengtem Lauf?

e) 0,03

f) 0,3

g) 0,7

h) 3,0

i) 80

j) 300.

6.38 <u>Wodurch wird der Wert der "Sauerstoffschuld" begrenzt, die ein Sportler eingehen kann?</u>

a) Durch die maximale Sauerstoffaufnahme von
5 l/min,

b) durch den Beginn anaeroben Stoffwechsels in
den Muskeln,

c) durch die übermäßige Ansammlung von CO_2 im
Blut,

d) durch übermäßiges Ansteigen von Milchsäure
im Blut,

e) durch übermäßiges Ansteigen des Blutzucker-
spiegels.

6.39 Unter dem Nutzwert der Nahrung eines Tieres ver-
     steht man

     a) den Anteil der durch Stoffwechselprozesse der
        Nahrung entzogenen Energie, der als freie
        Energie den Leistungen des Tieres (z.B. Bewe-
        gung, Wachstum) zur Verfügung steht,

     b) den kalorischen Wert der Nahrung vermindert
        um den der Ausscheidungsprodukte,

     c) den Überschuß der mit der Nahrung gewonnenen
        Energie über die zum Nahrungserwerb aufge-
        wandte.

6.40 Die Menge des im Blut gelösten CO_2 wirkt als Re-
     gelsignal für die Atemgröße

     a) bei den meisten Landtieren,

     b) bei den meisten Regulierern unter den Wasser-
        tieren,

     c) bei allen Konformern unter den Wassertieren.

6.41 Die Raten der maximalen Energiefreisetzung eines
     Schmetterlings verhalten sich zu denen eines
     gleich großen Fischchens wie

     a) 1:100,

     b) 3:1,

     c) 1:3,

     d) 100:1.

6.42 Welche der folgenden Tiere können eine Körper-
     temperatur um mehrere Grad

     a) über,

     b) unter

     ihrer Umgebungstemperatur aufrechterhalten?

     c) Fische bei schnellem Schwimmen,

     d) Fische in Ruhe,

     e) Insekten im Flug,

     f) Insekten in Ruhe,

     g) Säugetiere unter jeweils günstigen Bedin-
        gungen.

6.43 Das Kältezittern eines Hundes kann ausgelöst
     werden durch

     a) Abkühlen der motorischen Endplatten (lokal),

     b) Einwirkung von Kältereizen auf Thermorezepto-
        ren in der Haut,

c) Abkühlung temperaturempfindlicher Neurone des Hypothalamus und des Rückenmarks.

6.44 <u>Die Temperatur eines Bienenstockes wird stets so geregelt, daß sie</u>

a) 3° C,

b) $5,5^{\circ}$ C,

c) $8,1^{\circ}$ C

<u>über der Umgebungstemperatur liegt.</u>

6.45 <u>Welche der folgenden Mechanismen haben an der Temperaturregelung von Warmblütern in der thermoneutralen Zone Anteil?</u>

a) Kältezittern,

b) Pilomotorische Reaktion,

c) Salivation,

d) Hecheln,

e) vasomotorische Reaktion,

f) Schwitzen.

6.46 <u>Die Körpertemperatur eines im Winterschlaf befindlichen Tieres ist</u>

a) stets gleich der Umgebungstemperatur,

b) stets 6° C über der Umgebungstemperatur,

c) auf etwa 22° C geregelt,

d) ungeregelt, solange eine Minimaltemperatur nahe dem Gefrierpunkt nicht unterschritten wird.

6.47 <u>Die Liste der essentiellen Makroelemente für die höheren Pflanzen ist:</u>

a) C, H, O, N, S, P, K, Ca, Mg, Na, Cl,

b) C, H, O, N, S, P, K, Mg, Ca, Na,

c) C, H, O, N, S, P, K, Ca, Mg, Fe,

d) C, H, O, N, S, P, K, Mg, Ca, Cl.

6.48 <u>Als essentielle Mikroelemente braucht die höhere Pflanze:</u>

a) Mn, Cu, Zn, Mo, B, Cl, (Na),

b) Mn, Cu, Co, Mo, B, Cl, Ni,

c) Mn, Cu, Co, Zn, Mo, B, Cl.

6.49 <u>Cobalt ist ein essentielles Mikroelement für:</u>

    a) Alle Pflanzen,

    b) einige Algen,

    c) einige Pilze,

    d) einige Bakterien.

6.50 <u>Die Pflanze kann Ballastionen im Medium</u>

    a) total von der Aufnahme ausschließen,

    b) in der Aufnahme gegenüber essentiellen Ionen benachteiligen,

    c) gegenüber essentiellen Ionen überhaupt nicht diskriminieren.

6.51 <u>Welche der folgenden Elemente werden von Tieren allgemein benötigt?</u>

    a) Na, K, Mg, Ca, Fe, S, P, Zn, Co, Cu

    b) Welches in wesentlich größeren Mengen als von Pflanzen?

6.52 <u>Wo in tierischen Organismen treten Ionenregulationen auf?</u>

    a) Allgemein für das Innere tierischer Zellen,

    b) nur bei spezialisierten Zellen der Niere und (bei Wassertieren) der Kiemen,

    c) für Körperflüssigkeiten von Landtieren,

    d) für Körperflüssigkeiten auch bei gewissen maritimen Evertebraten,

    e) nur im Zusammenhang mit Osmoregulation.

6.53 <u>Nach welchem Muster verhalten sich verschiedene Gammarus-(Flohkrebs)Arten gegenüber Veränderungen der Osmolarität ihrer Umgebung?</u>

    a) Homoiosmotisch,

    b) poikilosmotisch mit einem Toleranzbereich bis zur doppelten Osmolarität des Meerwassers,

    c) poikilosmotisch in einem engeren Bereich,

    d) hyperosmotisch in dem Sinne, daß sie die Osmolarität des Körperinneren stets um einen artspezifisch konstanten Wert über dem der Umgebung halten,

    e) hyperosmotisch in dem Sinne, daß jeweils ein artspezifischer Wert gegen eine Umgebung niederer Osmolarität festgehalten wird;

f) die Organismen gehen bei Osmolaritäten ihrer Umgebung über dem poikilosmotischen Bereich zugrunde,

g) die Organismen gehen bei Osmolaritäten ihrer Umgebung unter dem poikilosmotischen Bereich zugrunde.

6.54 Die Osmoregulation von Meeresfischen (Teleostiern) geschieht als

a) hyperosmotische Regulation,

b) homoiosmotische Regulation,

c) hypoosmotische Regulation

und zwar durch

d) Abgabe eines hyperosmotischen Harns,

e) Abgabe eines stark verdünnten Harns,

f) Aufnahme von Wasser durch die Haut,

g) Aufnahme von Wasser und Salzen durch den Darm,

h) Abgabe von Na^+- und K^+-Ionen durch die Kiemen,

i) Aufnahme von Cl^--Ionen durch die Kiemen.

6.55 Auf welchen der folgenden Faktoren beruht die Osmoregulation von Meeressäugetieren?

a) Undurchlässigkeit der Haut für Wasser,

b) Bildung eines hyperosmotischen Harns.

6.56 Als Anpassungen an das Leben im Süßwasser sind (bei Muscheln, Arthropoden, Fischen) im Vergleich zu marinen Arten aufzufassen:

a) Herabgesetzte Salzkonzentration der Körperflüssigkeit,

b) vergrößerte Ausbildung der Tubulus-Anteile der Exkretionsorgane,

c) hyperosmotische Regulation.

6.57 Ammoniotelische Formen gibt es unter

a) Fischen,

b) Amphibien,

c) Vögeln,

d) Reptilien,

e) Säugern.

6.58 Die wassersparendste Ausbildung der Stickstoff-
exkretion findet sich bei Tieren mit Ausschei-
dung von

a) Ammoniak,

b) Harnstoff,

c) Harnsäure.

6.59 Ein durch eine sonst vollwertige Nahrung nicht
gedeckter Na^+-Bedarf ist typisch für

a) Süßwassertiere,

b) Landtiere,

c) Herbivoren,

d) alle Insekten.

6.60 Bei den Raupen des Seidenspinners findet sich

a) eine ungewöhnlich niedere Na^+-Konzentration
in der Haemolymphe,

b) eine erhöhte Na^+-Konzentration im Nervenge-
webe,

c) das bei Landtieren allgemein übliche Na^+/K^+-
Verhältnis in der Haemolymphe,

d) eine höhere als übliche Konzentration von Mg^{++}
in der Haemolymphe,

e) eine extrem niedere Konzentration von Ca^{++} in
der Haemolymphe.

6.61 Was kennzeichnet unter den mit der Nahrung aufgenommenen Proteinen diejenigen mit der höheren
"biologischen Wertigkeit"?

a) Leichtere Resorbierbarkeit,

b) ein höherer Anteil an essentiellen Aminosäuren,

c) daß sie in geringeren Mengen in der Lage sind,
das Eiweißminimum zu liefern,

d) ein höheres Molekulargewicht.

6.62 Die Verabreichung einer essentiellen Aminosäure
verbessert die Stickstoffbilanz eines Tieres nur,
wenn

a) das Tier diese als Bestandteil eines biologisch
hochwertigen Proteins aufnimmt,

b) kein Überangebot von Kohlenhydraten vorliegt,

c) das Tier vorher mindestens einen Tag gefastet
hat,

d) alle anderen essentiellen Aminosäuren gleichzeitig zur Verfügung stehen.

6.63 Cholesterin ist ein essentieller Nahrungsbestand-
teil

a) allgemein für Bakterien,

b) für Insekten,

c) für die meisten Wirbeltiere,

d) für den Menschen.

6.64 Welche der folgenden Fettsäuren sind essentielle
Nährstoffe für viele Tiere?

a) Palmitinsäure,

b) Stearinsäure,

c) Linolsäure,

d) Linolensäure,

e) Ölsäure,

f) Arachidonsäure.

6.65 Ascorbinsäure ist ein essentieller Nahrungsbe-
standteil für

a) Menschen,

b) Rinder,

c) Affen,

d) Ratten,

e) Meerschweinchen,

f) Marder.

6.66 Thiamin-Mangel äußert sich biochemisch im Fehlen
des Coenzyms für

a) Transaminierungen,

b) Decarboxylierungen,

c) Wasserstoffübertragung,

d) Carboxylierungen

und geht klinisch einher mit dem Auftreten von

e) Skorbut,

f) Beri-Beri,

g) Pellagra.

6.67 <u>Nikotinsäure-Mangel stellt sich beim Menschen dann ein, wenn seine Nahrung im übrigen</u>

    a) proteinreich,

    b) arm an ungesättigten Fettsäuren,

    c) hauptsächlich aus Mais bestehend,

    d) hauptsächlich aus Reis und Fisch bestehend,

    e) arm an der Aminosäure Tryptophan,

    f) arm an der Aminosäure Tyrosin

<u>ist.</u>

6.68 <u>Welches der folgenden Vitamine ist selbst Coenzym?</u>

    a) Thiamin,

    b) Riboflavin,

    c) Niacin,

    d) Folsäure,

    e) Pantothensäure,

    f) Pyridoxin,

    g) Biotin.

6.69 <u>Auf welche der folgenden Umstände ist im allge-meinen das Auftreten von perniziöser Anämie beim Menschen zurückzuführen?</u>

    a) Das Unterschreiten einer Mindestmenge von 0,3 mg/Tag mit der Nahrung zugeführten Vita-mins B_{12},

    b) eine Resorptionsstörung des Vitamins B_{12},

    c) das Fehlen von "intrinsic factor",

    d) das Fehlen von "extrinsic factor"

    e) eine spezifische Erkrankung des Dünndarmepi-thels,

    f) eine spezifische Erkrankung der Magenschleim-haut.

6.70 <u>Vitamin A kann im Stoffwechsel entstehen aus einem</u>

    a) Steroid,

    b) Carotinoid,

    c) Chinon,

    d) Provitamin;

<u>sein Fehlen führt zu</u>

    e) Nachtblindheit,

    f) Epithelschäden.

6.71 α-Tocopherol ist erforderlich für

a) die Resorption von Ca-Ionen im Darm,

b) die Einlagerung von Ca-Ionen im Knochen,

c) die Blutgerinnung,

d) die Produktion von Galle.

6.72 Der Wasserferntransport durch die Pflanze wird in der Regel angetrieben durch

a) Stoffwechselenergie,

b) die Wasserpotentialdifferenz zwischen Boden und Atmosphäre.

6.73 Für das Funktionieren des Transpirationsstromes ist wesentlich:

a) Die Kohäsion des Wassers in den Leitbahnen,

b) eine hohe Atmungsaktivität des paratrachealen Parenchyms,

c) das Fehlen des Plasmas in den Leitungsbahnen,

d) der hohe Widerstand der Cuticula gegen Wasserdampfdurchtritt,

e) die Aussteifung der Leitbahnenwände durch Lignin.

6.74 Die funktionierenden Siebröhrenglieder sind dadurch gekennzeichnet, daß sie

a) abgestorben sind,

b) eine selektiv permeable Plasmamembran besitzen,

c) ihren Zellkern verloren haben,

d) lignifizierte Wände besitzen,

e) in den Querwänden spezielle Poren aufweisen.

6.75 Der Ionentransport in der Pflanze

a) läuft stets nur als Diffusion entlang von elektrochemischen Potentialgradienten ab,

b) erfolgt z.T. auch gegen einen Gradienten des elektrochemischen Potentials,

c) vollzieht sich nur im Apoplasten,

d) läuft z.T. im Apoplasten, z.T. im Symplasten,

e) wird stets durch Stoffwechselenergie angetrieben.

6.76 <u>Tracheen</u>

a) versorgen gleiche Gewebsmassen bis zu 100mal wirkungsvoller als der Blutkreislauf von Säugetieren mit Sauerstoff,

b) enthalten Sauerstoff in einer 5mal höheren Konzentration als das Blut von Säugetieren,

c) können eine geregelte Sauerstoffversorgung durch Öffnen und Schließen der Stigmen bewerkstelligen,

d) können eine geregelte Sauerstoffversorgung bestimmter Gewebeabschnitte durch Regelung der Flüssigkeitsmenge in Endstücken der Tracheiden bewerkstelligen.

6.77 <u>Welche der folgenden Tiergruppen besitzen ein geschlossenes Blutgefäßsystem?</u>

a) Anneliden,

b) Vertebraten (außer Selachiern),

c) Selachier,

d) Insekten,

e) Muscheln,

f) Gastropoden,

g) Cephalopoden.

6.78 <u>Für Tiere mit geschlossenem Blutgefäßsystem gilt,</u>

a) daß das Blutvolumen das der Gewebeflüssigkeit um mindestens 50% übertrifft,

b) daß das Volumen der Gewebsflüssigkeit das des Blutes um mindestens 50% übertrifft,

c) daß diesbezüglich allgemeine Aussagen nicht möglich sind, weil es auf die einzelne Spezies ankommt.

6.79 <u>Wie erfolgt der Übertritt von Proteinen aus dem Kapillarblut in die Gewebeflüssigkeit?</u>

a) Es gibt keinen solchen Übertritt;

b) durch aktiven Transport,

c) durch Filtration in Anfangsabschnitten der Kapillaren,

d) durch Filtration über den gesamten Verlauf der Kapillaren,

e) durch Diffusion über den gesamten Verlauf der Kapillaren,

f) durch Diffusion im Endabschnitt der Kapillaren.

6.80 <u>Fließt das aus den Kapillaren austretende Filtrat letzten Endes insgesamt als Lymphe ab?</u>

6.81 <u>Vorteile eines geschlossenen gegenüber einem offenen Blutkreislaufsystems sind:</u>

a) Größere Sauerstoffreserve,

b) größere Sauerstofftransportleistung,

c) raschere nervöse und hormonale Regelbarkeit des Kreislaufes,

d) unabhängige Regelung der Versorgung einzelner Muskeln mit Sauerstoff und Nahrung,

e) verbesserte Voraussetzungen für Wärmeregulation.

6.82 <u>Das Lymphsystem der Wirbeltiere</u>

a) stellt ein eigenes Kreislaufsystem dar,

b) mündet in Arterien,

c) mündet in Venen,

d) enthält in den Lymphknoten Organe der Immunabwehr,

e) produziert die Lymphe in den Lymphknoten,

f) ist bei der Resorption von Neutralfett von Bedeutung.

6.83 <u>Wodurch unterscheidet sich der Herzmuskel vom Skelettmuskel der Wirbeltiere?</u>

a) Durch das Fehlen quergestreifter Myofibrillen,

b) durch wesentlich längere Kontraktionen, ausgelöst durch ein einziges Aktionspotential,

c) durch myogene Auslösung der Kontraktion,

d) durch das Fehlen der Voraussetzungen für das Auftreten von Tetanus.

6.84 <u>Neurogene Auslösung der Herzkontraktion findet
     sich bei</u>

   a) Mollusken,

   b) Arthropoden,

   c) Reptilien,

<u>und besteht in</u>

   d) Aufhebung einer neuralen Dauerinhibition der
      myogenen Herzkontraktion,

   e) sequentieller Erregung einzelner Herzmuskel-
      zellen,

   f) synchroner Erregung des Herzmuskels.

6.85 <u>Der Gesamtquerschnitt der Blutbahn von Säuge-
     tieren</u>

   a) verengt sich mit zunehmendem Abstand vom Her-
      zen um etwa 50%,

   b) erweitert sich um etwa 25%,

   c) erweitert sich auf das Vierfache,

   d) erweitert sich auf das Achtzigfache,

   e) erweitert sich fast auf das Tausendfache.

6.86 <u>Beim Austritt aus den Kapillaren weist das Blut
     von Säugetieren noch etwa</u>

   a) 30%,

   b) 10%,

   c) 4,5%,

   d) 1,2%

<u>des arteriellen Blutdruckes auf.</u>

6.87 <u>Ein für Mollusken typischer Wert des arteriellen
     Blutdruckes ist (in mm Hg)</u>

   a) 120,

   b) 40,

   c) 25,

   d) 10.

6.88 <u>Wo tritt im Herz- und Kreislaufsystem der Säuge-
     tiere</u>

   a) die größte Blutdruckamplitude,

   b) der höchste mittlere Blutdruck,

   c) der höchste minimale Blutdruck,

   d) der niedrigste durchschnittliche Blutdruck,

e) der niedrigste Blutdruck überhaupt

<u>auf?</u>

f) Im linken Vorhof,

g) im linken Ventrikel,

h) im rechten Vorhof,

i) im rechten Ventrikel,

j) in der Aorta,

k) in der Pulmonalis?

6.89 <u>Wo spielt die Steifheit des Perikards eine entscheidende Rolle für die Kreislaufdynamik (a),</u>

<u>wo wird das Perikard selbst vom gesamten oxyge-
nierten Blut (b),</u>

<u>wo von dem gesamten desoxygenierten Blut (c)</u>

<u>des Kreislaufes durchsetzt?</u>

d) bei Fischen,

e) Krebsen,

f) Schnecken.

6.90 <u>Einen Nierenpfortaderkreislauf gibt es bei</u>

a) Fischen,

b) Amphibien,

c) Säugetieren.

6.91 <u>Bei Amphibien gibt es</u>

a) noch keinen eigenen Lungenkreislauf,

b) Lungen- und Körperkreislauf, aber mit völli-
ger Vermischung des Blutes beider Kreisläufe
im einzigen Ventrikel des Herzens,

c) auch im Herzen anatomisch völlig voneinander
getrennte Kreisläufe, den Lungen- und den
Körperkreislauf.

6.92 <u>Wo finden sich Transportproteine für Sauerstoff?</u>

    a) bei allen Coelenteraten,

    b) bei einigen Coelenteraten,

    c) bei allen Nematoden,

    d) bei einigen Nematoden,

    e) bei allen Anneliden,

    f) bei einigen Anneliden,

    g) bei allen Knochenfischen,

    h) bei einigen Knochenfischen,

    i) bei allen Amphibien,

    j) bei einigen Amphibien,

    k) bei allen Reptilien,

    l) bei allen Vögeln,

    m) bei allen Säugern.

6.93 <u>Wodurch unterscheiden sich manche der bei Ever-</u>
<u>tebraten sporadisch gefundenen Hämoglobine von</u>
<u>denen der Vertebraten? Durch</u>

    a) ein anderen Porphyrinringsystem,

    b) Ersatz von Fe(II) durch Fe(III),

    c) Ersatz von Fe(II) durch Cu(II),

    d) extrazelluläres Vorkommen,

    e) höheres Molekulargewicht.

6.94 <u>Tintenfische tropischer Meere können ersticken</u>
<u>in</u>

    a) zu warmen Wasser aufgrund zu großer O_2-Affinität ihres Hämocyanins,

    b) zu warmen Wasser aufgrund zu kleiner O_2-Affinität ihres Hämocyanins,

    c) zu kaltem Wasser aufgrund zu großer O_2-Affinität ihres Hämocyanins,

    d) zu kaltem Wasser aufgrund zu kleiner O_2-Affinität ihres Hämocyanins.

6.95 Welche physiologisch günstigen Wirkungen kommen durch den stärker sauren Charakter des Oxyhämoglobins im Verhältnis zu Desoxyhämoglobin (Bohr-Effekt) zustande?

    a) Verstärkte Sauerstoffabgabe in den Geweben,

    b) verstärkte Sauerstoffkapazität des Blutes,

    c) bessere Pufferung des Blutes,

    d) herabgesetzter Sauerstoffbedarf des Organismus.

6.96 Die Pressorezeptoren der Wirbeltiere liegen

    a) in der Herzinnenwand,

    b) im Aortenbogen,

    c) in der Pulmonalis,

    d) im Carotissinus,

    e) im Glomus caroticum;

sie beantworten

    f) eine Steigerung,

    g) eine Senkung

der Dehnung der Gefäßwandung mit steigender Impulsfrequenz und bewirken im Normalzustand

    h) eine Erhöhung,

    i) eine Erniedrigung des Blutdruckes

im Vergleich zu einem ungeregelten Zustand.

6.97 Adrenalinausschüttungen führen beim Säugetier zu

    a) Erweiterungen der Arteriolen der Haut,

    b) Erweiterungen der Arteriolen der Skelettmuskulatur,

    c) Verstärkung der Herztätigkeit,

    d) vermehrtem Glykogenabbau.

6.98 Intracardiale Mechanismen zur Leistungsanpassung des Herzens an den Füllungsdruck finden sich bei

    a) Arthropoden,

    b) Mollusken,

    c) Vertebraten.

6.99 Bewirkt eine Erhöhung des Blut-pH eine Erhöhung des Blutdruckes?

6.100 Geht eine Erhöhung der Durchblutung eines Muskels stets mit einer erhöhten Leistung des Herzens einher?

6.101 Unter einer "Taxis" versteht man

a) jede freie Ortsbewegung unabhängig von Außenfaktoren,

b) durch Außenfaktoren gerichtete freie Ortsbewegungen,

c) durch Außenfaktoren gerichtete freie Ortsbewegungen von Eukaryoten.

6.102 Die Chemotaxis bei Escherichia coli

a) ist abhängig vom Vorhandensein von Flagellen,

b) ist abhängig von Chemorezeptoren im Cytoplasma,

c) ist abhängig von Chemorezeptoren im periplasmatischen Raum,

d) ergibt sich als statistischer Effekt aus der Abwechslung zweier Bewegungen,

e) ist nur als Attraktion bekannt,

f) beruht auf dem Unterschied der Konzentration eines Lockstoffes am vorderen und hinteren Zellende,

g) beruht auf der zeitlichen Änderung der Konzentration am Ort der Zelle,

h) führt jeweils zu einer gerichteten Wendung der Zellbewegung auf die Quelle des Lockstoffes.

6.103 Die Phototaxis von Euglena

a) wird als positive Phototaxis bei niederen und als negative bei hohen Beleuchtungsstärken durch verschiedene Photorezeptoren vermittelt,

b) ist als positive Phototaxis durch eine periodische Abschattung des Photorezeptors gekennzeichnet,

c) ist als negative Phototaxis durch eine eingeregelte dauernde Abschattung des Photorezeptors gekennzeichnet,

d) ist nur bei rotem Licht zu beobachten,

e) ist auch bei rotem Licht zu beobachten,

f) ist immer dann zu beobachten, wenn Photoki-
nese stattfindet.

6.104 <u>Als Photorezeptor für den Phototropismus kommt</u>
<u>infrage</u>

a) Phytochrom,

b) ein Carotinoid,

c) Chlorophyll,

d) ein Flavoprotein,

e) Biliproteine.

6.105 <u>Für die Beteiligung von Statolithen an der Reiz-</u>
<u>perzeption beim Geotropismus sprechen</u>

a) das Vorkommen verlagerbarer Amyloplasten in
allen geotropisch reagierenden Zellen bzw.
Organen,

b) das Ausbleiben einer geotropischen Krümmung
der Wurzel bei Entfernung der Wurzelhaube,

c) die geringere geotropische Empfindlichkeit
von Koleoptilen mit kleinen Amyloplasten.

6.106 <u>Die seismonastische Reaktion der Mimosenblätter</u>
<u>beruht auf</u>

a) Wachstumsvorgängen,

b) Turgoränderungen in Gelenken, deren Lokali-
sierung von der Reizrichtung abhängig ist,

c) Turgoränderungen in Gelenken, die unabhängig
von der Reizrichtung sind.

6.107 <u>Die photonastische Reaktion des Mimosenblattes</u>
<u>wird gesteuert durch</u>

a) Carotinoid,

b) Phytochrom,

c) Flavoprotein,

d) Chlorophyll.

6.108 <u>Der Turgoranstieg in den Schließzellen bei Sto-</u>
<u>maöffnung wird entscheidend beeinflußt durch</u>

a) die Produkte der Schließzellenphotosynthese,

b) die bei der Stärkehydrolyse anfallenden frei-
en Zucker,

c) eine aktive K^+-Aufnahme in die Schließzellen,

d) eine aktive Wasseraufnahme in die Schließzellen.

6.109 <u>Auftriebserzeugende Schwebeorgane im Sinne einer
Kompensation des Übergewichts können darstellen:</u>

a) Gallertmassen,

b) Fettmassen,

c) Gasvolumina,

d) subelytrale Luftmassen,

e) starkgegliederte Körperfortsätze.

6.110 <u>Unter der Reynoldszahl versteht man:</u>

a) Das Verhältnis von Trägheits- zu Zähigkeits-
kräften bei einem umströmten Körper,

b) den Quotienten aus dem Produkt von Geschwindigkeit und einer charakteristischen Länge
und der kinematischen Zähigkeit des Mediums,

c) eine Zahl, die dann klein ist, wenn die Zäh-
igkeitskräfte überwiegen (Mikroorganismen!),

d) eine Kennzahl, die die Strömungsanpassung eines Körpers beinhaltet.

6.111 <u>Die Schwanzflosse eines Fisches ist:</u>

a) Über ein Gewebepolster elastisch gegen die
Wirbelsäule gelagert,

b) ein Vortriebsorgan,

c) in ihrer Stützstruktur zusammengesetzt aus
dichotomverzweigten Flossenstrahlen.

6.112 <u>Die Strömungsanpassung eines Rumpfes eines
großen, schnellschwimmenden Fisches ist gut,
wenn</u>

a) sein Widerstandsbeiwert c_W groß ist,

b) in die Grenzschicht eine langkettige Moleküle enthaltende Schleimschicht abgegeben
wird,

c) bei gegebenem Widerstand und Staudruck die
Stirnfläche groß ist,

d) bei gegebener Stirnfläche und Schwimmge-
schwindigkeit wenig Antriebsenergie ver-
braucht wird.

6.113 <u>Wasserkäfer-Rümpfe sind strömungsmechanische
"Kompromißkonstruktionen", weil</u>

a) ihr Widerstandbeiwert klein ist,

b) ihre Schwimmstabilität klein ist,

c) der Widerstandsbeiwert und die Schwimmstabilität klein ist,

d) der Widerstandsbeiwert größer, die Schwimmstabilität größer als bei einem vergleichbaren technischen Körper kleinen Widerstands
ist.

6.114 Der von einem Vogelflügel beim Abschlag erzeugte Hub ist

a) identisch mit dem Auftrieb,

b) eine vertikal gerichtete Kraftkomponente,

c) eine Komponente der Luftkraftresultierenden,

d) stets senkrecht zur Schlagbahn gerichtet.

6.115 Wenn der Armfittich eines Vogels beim Aufschlag
Rücktrieb erzeugt, so muß

a) er beim Abschlag Vortrieb erzeugen,

b) der Handfittich beim Aufschlag Vortrieb erzeugen,

c) gleichzeitig auch Abtrieb erzeugt werden,

d) der von allen Flügelteilen während der Ge-
samtschlagperiode erzeugte Vortrieb vergleichsweise größer sein.

6.116 Das Stoffwechselleistungs-Fluggeschwindigkeits-
Diagramm eines langstreckenfliegenden Vogels
zeigt, daß

a) die Stoffwechselleistung bei mittleren Flug-
geschwindigkeiten minimal ist,

b) der spezifische Sauerstoffverbrauch der spezifischen Stoffwechselleistung linear zuzu-
ordnen ist,

c) eine bestimmte Reisegeschwindigkeit existiert
die der Vogel beim Langstreckenflug wahr-
scheinlich einstellt,

d) der Aufwand an Stoffwechselenergie sinkt,
wenn die Fluggeschwindigkeit kleiner wird.

6.117 <u>Ausdauernd fliegende Insekten</u>

a) zeigen die Tendenz zur funktionellen Reduktion eines Flügelpaares,

b) sind durch besonders hohe Flügelschlagfrequenz gekennzeichnet,

c) besitzen lediglich indirekte Flügelantriebsmuskeln,

d) sind stets besonders groß.

6.118 <u>Indirekter Flügelantrieb</u>

a) kommt bei Dipteren vor,

b) bedingt eine große Hebelübersetzung im Gelenk,

c) wird von myogenen Flugmuskeln bewerkstelligt,

d) setzt ein Klicksystem im Flügelgelenk voraus.

6.119 <u>Die Tatsache, daß Wasserkäferbeine und die Flügel kleinster Insekten ähnlich aussehen, weist darauf hin, daß</u>

a) es sich hierbei um analoge Organe handelt,

b) sich die Tiere im vergleichbaren Reynoldszahlbereich bewegen,

c) die Kräfteverhältnisse bei der Fortbewegung vergleichbar sind,

d) kleinste Insekten möglicherweise zu Hubererzeugung die Widerstandskomponente stärker einsetzen als die Auftriebskomponente.

6.120 <u>Beim Seitwinden der Klapperschlangen</u>

a) bewegt sich die Schlange schräg zur mittleren Längserstreckung,

b) wird der Körper "durch die Luft" von Auflagepunkt zu Auflagepunkt abgerollt,

c) entstehen überwiegend Seitkräfte an den Auflagepunkten,

d) handelt es sich um eine Anpassung an Fortbewegung über lockerem Sand.

6.121 <u>Der Regenwurm ist in der Lage, sich vorwärts zu bewegen, weil</u>

a) er Längs- und Ringmuskulatur abwechselnd kontrahieren kann,

b) die Ringmuskelkontraktion den Körper vorwärts schiebt,

    c) die Längsmuskelkontraktion den Körper nach-
       zieht,

    d) ein Rückrutschen bei der peristaltischen Be-
       wegung durch Verankerungsorgane verhindert
       wird.

6.122 Grabextremitäten von Maulwurf, Maulwurfsgrille und Zylindergrille

    a) sind abgeplattet,

    b) tendieren zur Verbreiterung der Grabfläche,

    c) sind homologe Organe,

    d) entlasten die Grabmuskulatur, weil sie den
       Auflagedruck verkleinern.

6.123 Das Laufen der Insekten

    a) erfolgt meist im Rhythmus "alternierender
       Dreibeine",

    b) läuft so ab, daß die drei Beine einer Seite
       alternierend vorwärts und rückwärts bewegt
       werden,

    c) weist Phasen auf, während derer linkes Vor-
       der- und Hinterbein zusammen mit dem rechten
       Mittelbein vorwärtsschwingen,

    d) ist bei Ausfall zweier Beine durch zentral-
       nervöse Umcodierung der Rhythmik noch mög-
       lich.

6.124 Beim Sprung einer großen Heuschrecke

    a) kontrahieren sich sehr rasch die Tibiabeuger
       der Hinterbeine,

    b) kommen Beschleunigungen in der Größenordnung
       der Erdbeschleunigung vor,

    c) wird die Absprungkraft durch Einpumpen von
       Hämolymphe ins Hinterbein vergrößert,

    d) ist ein Katapultsystem nicht wahrscheinlich,
       da die spezifische Energie der Sprungmuskeln
       nicht größer ist als die der entsprechenden
       Muskeln nichtspringender Tiere.

6.125 <u>Ein Floh ist 1,7 mm lang und springt 30 cm
hoch. Wäre er so groß wie der Mensch</u>

    a) könnte er an die 300 m hoch springen,

    b) würde ihn der Luftwiderstand relativ weniger
bremsen,

    c) berechnete sich seine mittlere Absprungkraft
als das Produkt aus seiner Körpermasse und
seiner Startbeschleunigung,

    d) müßte seine spezifische Sprungmuskelleistung
größer sein, weil dann auch die Beschleuni-
gungsstrecke größer wäre.

6.126 <u>Gewebshormone unterscheiden sich von anderen
Hormonen</u>

    a) allgemein durch einen anderen molekularen
Wirkungsmechanismus,

    b) durch ihren Charakter als Diffusionsaktiva-
toren,

    c) durch ihre chemische und physiologische Ver-
wandtschaft mit den Neurotransmittern,

    d) durch ihre Wirksamkeit nur im Gewebe ihrer
Entstehung,

    e) aufgrund ihrer Produktion in Zellen, die
nicht als spezielle Drüsen ausgebildet sind,

    f) dadurch, daß sie außer ihrer Hormoneigen-
schaft andere Rollen im Stoffwechsel spielen.

6.127 <u>Pheromone sind</u>

    a) Substanzen mit interindividueller Signal-
funktion,

    b) Substanzen mit artspezifischerer Wirkung als
Hormone,

    c) in ihrer Erzeugerspezies grundsätzlich nicht
gleichzeitig als Hormon wirksam,

    d) Produkte exokriner Drüsen;

Beispiele:

    a) Sexuallockstoffe bei Nachtfaltern,

    b) Tyroxin,

    c) "Queens substance" der Bienen.

6.128 <u>Welche der genannten Hormone sind Proteine bzw.
Peptide?</u>

    a) Insulin,

    b) Glucagon,

c) Ecdyson,

d) Juvenilhormon,

e) Testosteron,

f) Oxytocin,

g) Bradykinin,

h) Adrenalin,

i) Trijodthyronin,

j) die Neurohormone der Wirbellosen,

k) die Neurohormone der Wirbeltiere,

l) Calcitonin,

m) Parathormon,

n) Vasopressin,

o) Prolactin,

p) Thyrotropin,

q) ACTH.

6.129 <u>Hormonproduzierende Drüsen sind allgemein ge-
kennzeichnet durch</u>

a) reichliche Versorgung mit Kapillaren,

b) Speicherfollikel für die von ihnen produ-
zierten Hormone,

c) das Fehlen von Ausführungsgängen,

d) axonalen Transport des Sekretes.

6.130 <u>Welche der folgenden Substanzen wirken sowohl
als Hormon als auch als Neurotransmitter?</u>

a) Testosteron,

b) Acetylcholin,

c) Noradrenalin,

d) Spermidin,

e) Insulin,

f) Thyroxin.

6.131 <u>Bei sogenannten neuro-endokrinen Reflexbögen
sind</u>

a) das Anfangsglied stets neuronal,

b) alle Zwischenglieder ebenfalls stets neuronal,

c) alle Zwischenglieder stets hormonal,

d) das Endglied stets hormonal.

6.132 <u>Die Brauchbarkeit von Hormonen als Glieder eines Regelkreises setzt voraus, daß</u>

    a) diese nur auf besondere äußere Reize hin
synthetisiert werden,

    b) ihre Synthese-Rate von Umwelteinflüssen unab-
hängig ist,

    c) sie im Stoffwechsel abgebaut werden,

    d) sie exkretiert werden.

6.133 <u>Werden die Produktionsraten von Hormonen durch
Aktivitäten des Zentralnervensystems mitbe-
stimmt?</u>

6.134 <u>Welche Vorgänge tragen wesentlich zur Bedeutung
der Leber für die hormonalen Regelungen der Wirbeltiere bei?</u>

    a) die Produktion von Hormonen in der Leber,

    b) die Reaktion der Leber auf Glucagon,

    c) der Abbau von Steroidhormonen in der Leber,

    d) die Reaktion der Leber auf Adrenalin.

6.135 <u>Ein Vergleich der Hormonwirkungen bei verwandten Tierarten ergibt häufig</u>

    a) Eine deutliche Differenzierung der durch ein
bestimmtes Hormon ausgelösten physiologischen Vorgänge bei keiner oder nur geringer
Variation in der molekularen Struktur des
Hormons,

    b) ein konstantes Bild der Reaktion auf das
Hormon bei beträchtlicher Verschiedenheit
in der molekularen Struktur des Hormons der
verschiedenen Spezies,

    c) speziell nur bei einer Art auftretende Hor-
mone mit für diese Art charakteristischen
Wirkungen.

6.136 <u>Für welche der folgenden Hormone ist ein Wirken
über den cAMP-Mechanismus nachgewiesen?</u>

    a) Adrenalin,

    b) Cortison,

    c) Parathormon,

    d) thyreotropes Hormon,

    e) Östradiol,

    f) Vasopressin,

    g) Glucagon.

6.137 <u>Die Stimulierung von ß-Rezeptoren</u>

  a) ist durch Adrenalin ebensogut möglich wie
     die von α-Rezeptoren,

  b) ist durch Noradrenalin ebensogut möglich wie
     die von α-Rezeptoren,

  c) führt zu einer Steigerung des cAMP in den
     stimulierten Zellen,

  d) hebt eine Stimulierung von α-Rezeptoren der-
     selben Zelle in jedem Falle auf,

  e) wird von einer Stimulierung von α-Rezeptoren
     derselben Zelle in jedem Falle aufgehoben.

6.138 <u>Rezeptoren für Östradiol finden sich in Uterus-
       zellen</u>

  a) nur im Plasmalemma,

  b) nur im Cytoplasma,

  c) nur im Kern.

6.139 <u>Bei welchen der folgenden Tiergruppen sind aus-
       schließlich Neurohormone bekanntgeworden?</u>

  a) Coelenterata,

  b) Plathelminten,

  c) Nemathelminten,

  d) Anneliden,

  e) Cephalopoden,

  f) Arthropoden.

6.140 <u>Die Corpora cardiaca der Insekten</u>

  a) stimulieren durch ein Hormon die Bildung von
     Trehalose,

  b) steuern den Herzschlag durch Freisetzung ei-
     nes Peptidneurohormons,

  c) beeinflussen das Oocytenwachstum,

  d) beeinflussen als einzige endokrine Organe
     die Atmungsgröße.

6.141 <u>Bei holometabolen Insekten wird das Ecdyson ge-
bildet</u>

a) als Neurohormon,

b) von den Corpora allata,

c) von den Corpora cardiaca,

d) von der Prothoraxdrüse;

<u>es bewirkt</u>

e) Larvalhäutungen bei hohem Spiegel von Juvenilhormon,

f) Verpuppung bei niederem Spiegel von Juvenilhormon,

g) die Neubildung von Juvenilhormon.

6.142 <u>Welche der folgenden Hormone werden vom Hypo-
physen-Vorderlappen produziert?</u>

a) somatotropes Hormon,

b) Adrenocorticotropes Hormon,

c) Thyreotropes Hormon,

d) Follikel-stimulierendes Hormon,

e) Luteinisierungshormon,

f) Melanotropin,

g) Vasopressin,

h) Prolaktin.

6.143 <u>Welche der folgenden Hormone weisen im Verlauf
des menschlichen Menstruationszyklus ihre maximale Konzentration im Blut</u>

a) mehrere Tage vor der Ovulation,

b) etwa zur Zeit der Ovulation,

c) nach der Ovulation

<u>auf?</u>

d) Follikel-stimulierendes Hormon,

e) Luteinisierendes Hormon,

f) Östrogen,

g) Progesteron.

6.144 <u>Die Placenta produziert</u>

a) Östrogen,

b) Progesteron,

c) Choriongonadotropin,

    d) Follikel-stimulierendes Hormon,

    e) einen luteotropen Faktor.

6.145 <u>Zur Auslösung von Wehen sind erforderlich</u>

    a) die Wirkung von Oxytocin auf die glatte Mus-
kulatur des Uterus,

    b) die Freisetzung von Oxytocin durch einen
neuroendokrinen Reflex,

    c) die Bahnung dieses neuroendokrinen Reflexes
durch Östrogen,

    d) die Bahnung dieses neuroendokrinen Reflexes
durch Progesteron,

    e) die Sensibilisierung der Uterusmuskulatur
für Oxytocin durch Östrogen,

    f) die Sensibilisierung der Uterusmuskulatur
durch Progesteron.

6.146 <u>Durch eine Erhöhung des Insulinspiegels im Blut
werden bewirkt</u>

    a) Senkung des Blutzuckerwertes,

    b) Glykogensynthese in der Leber,

    c) Steigerung der Fettsynthese,

    d) Steigerung der Glukoneogenese.

6.147 <u>Welche der folgenden Hormone sind Antagonisten
des Parathormons?</u>

    a) Thyroxin,

    b) Adrenalin,

    c) Glucagon,

    d) Calcitonin,

    e) Cortisol.

6.148 <u>Das Gewebshormon Sekretin wird produziert</u>

    a) in der Leber,

    b) in der Magenschleimhaut,

    c) in der Schleimhaut des Duodenums;

<u>es stimuliert die Produktion von</u>

    d) Salzsäure durch die Magenschleimhaut,

    e) Bikarbonat im Pankreas,

    f) Galle.

6.149 <u>Welche der folgenden, als Parahormone bezeichneten Stoffe wirken u.a. als Vasodilatoren?</u>

a) Kallidin,

b) Angiotensin,

c) Prostaglandine,

d) Erythropoetin.

6.150 <u>Bei Mäusen sind als Pheromonwirkungen ermittelt
worden</u>

a) Störungen des Ovulationszyklus durch weibliche Pheromone,

b) Stabilisierung des Zyklus durch weibliche
Pheromone,

c) Stabilisierung des Zyklus durch männliche
Pheromone,

d) Verhinderung von Aborten durch männliche
Pheromone,

e) Schwangerschaftsabbruch.

6.151 <u>Überprüfen Sie folgende Aussagen über Auxin: (I)</u>

a) Die Synthese erfolgt in embryonalen Zellen,

b) das Zellstreckungswachstum wird gefördert,

c) das Molekül stammt aus dem Proteinstoff-
wechsel,

d) der Transport erfolgt streng basipetal,

e) die Wirkung ist schon nach wenigen Minuten
zu beobachten,

f) die elektrischen Eigenschaften der Plasmamembran werden verändert

<u>Welche dieser Aussagen stellt eine Begründung
dafür dar, daß man Auxin als Hormon bezeichnet?
(II)</u>

6.152 <u>Natürlich vorkommende Auxine sind</u>

a) zyklisches AMP,

b) 2,4-Dichlorphenoxyessigsäure,

c) Gibberellin,

d) Trijodbenzoesäure,

e) Indolylessigsäure,

f) Abscisinsäure,

g) Florigen.

6.153 **Werden synthetische Auxine im Zellstoffwechsel schneller abgebaut und damit wirkungslos gemacht als natürliche Auxine?**

6.154 **Das selektive Herbicid 2,4-D ist toxisch für**

a) Ackersenf (Sinapis arvensis),

b) Hederich (Raphanus raphanistrum),

c) Weizen (Triticum sativum),

d) Quecke (Agropyrum repens).

6.155 **Der IES-Transport in der intakten Pflanze erfolgt**

a) stets polar,

b) im Parenchym,

c) im Phloem,

d) im Xylem,

e) im Parenchym der Sproßachse polar basalwärts.

6.156 **Markgewebe aus Pflanzensprossen läßt sich auf künstlichen Nährmedien kultivieren. Dazu wird benötigt:**

a) Zucker,

b) Fettsäuren,

c) Nährsalze,

d) O_2,

e) N_2,

f) Cytokinine (Kinetin),

g) Gibberellin,

h) Auxin,

i) Indolylessigsäure,

j) Blühhormon.

6.157 **Markgewebe wächst in vitro**

a) durch Teilungswachstum,

b) durch Protoplasmavermehrung,

c) durch reversible Turgorzunahme,

d) durch Zellvermehrung,

e) durch Zellstreckungswachstum.

6.158 <u>Cytokinine</u>

    a) hemmen den Proteinabbau,

    b) hemmen den Chlorophyllabbau,

    c) fördern den Alterungsprozeß,

    d) hemmen den Alterungsprozeß,

    e) fördern die Zellteilung.

6.159 <u>Gibberellin</u>

    a) ist ein Phytohormon,

    b) ist ein Stoffwechselprodukt eines phytopathogenen Pilzes,

    c) kann in höheren Pflanzen nachgewiesen werden,

    d) ist chemisch nah verwandt mit Auxin,

    e) kann Enzymsynthesen steuern,

    f) induziert die Bildung von α-Amylase im Endosperm,

    g) induziert die Bildung von Cellulase im Endosperm,

    h) kann das Sproßwachstum fördern,

    i) kann in Biotests nachgewiesen werden,

    j) hemmt das Längenwachstum von Zwergmutanten (Erbse, Mais).

6.160 <u>Abscisin ist verantwortlich für</u>

    a) Winterruhe von Knospen,

    b) Blattfall,

    c) Fruchtfall,

    d) Samenruhe.

6.161 <u>Abscisinsäure wirkt als Signal auf die Schließzellen des Spaltöffnungsapparates; sie reichert sich in den Schließzellen an</u>

    a) bei Belichtung,

    b) bei Verdunkelung,

    c) bei Wasserstreß,

    d) bei Wasserüberangebot

und wirkt durch

    e) Regulation von Ionenpumpen,

    f) Regulation der Genaktivität.

6.162 <u>Äthylen</u>

    a) fördert den Auxintransport,

    b) fördert die Fruchtreife,

    c) fördert die Seneszenz,

    d) wird von der Zelle abgebaut.

6.163 <u>Unter apikaler Dominanz versteht man</u>

    a) die dominierende Rolle der höher gewachsenen Pflanzen in einem Bestand,

    b) das Überwiegen des Spitzenwachstums gegenüber dem sekundären Dickenwachstum,

    c) den hormonbedingten Einfluß der Endknospe auf den Wachstumsmodus des Sprosses.

6.164 <u>Phytohormone wirken in der Regel</u>

    a) streng spezifisch auf ein einzelnes Erfolgsorgan,

    b) auf alle Dauergewebe,

    c) auf verschiedene Zellen, Gewebe oder Organe je nach primärer Differenzierung.

6.165 <u>Unabhängige Effektoren sind folgende Zellen:</u>

    a) Muskelzellen der Iris des Menschen,

    b) Muskelzellen der Iris einiger Reptilien,

    c) Muskelzellen der Iris einiger Fische,

    d) Nesselzellen mancher Cnidarier,

    e) Schließmuskelzellen der Oscula bestimmter Schwämme,

    f) Kleptocniden bei Meeresschnecken,

    g) Muskelzellen des Fußes von Meeresschnecken.

6.166 <u>Wieviele Neuronen durchläuft der Reflexbogen beim Reflexerythem der menschlichen Haut?</u>

6.167 <u>Gibt es Beispiele für monosynaptische Reflexe?</u>

6.168 <u>Die ersten Zwischenneuronen im Reflexbogen von Reflexen wie rasches Zurückziehen einer Hand aufgrund der Berührung eines heißen Gegenstandes befinden sich</u>

    a) ausschließlich in Nervenfasern der betroffenen Hand,

    b) aus der Hand bis in das Rückenmark sich erstreckend,

    c) im Rückenmark,

    d) im Stammhirn,

    e) in der Pyramidenbahn,

    f) in der Großhirnrinde.

6.169 <u>Abgetrennte Arme von Tintenfischen sind fähig zu</u>

    a) selbstständigem Erfassen der Beute,

    b) selbstständigem Festhalten der Beute,

    c) selbstständigem Verfolgen von Beute,

    d) Beibehalten des Verhaltens, das sie am hungrigen Tier zeigen,

    e) Beibehalten des Verhaltens, das sie am satten Tier zeigen.

6.170 <u>Läuft der Defäkationsreflex einer Katze immer dann ab, wenn ein auslösender Reiz von der Darmwand ausgeht?</u>

6.171 <u>In den Riesenfasern des Bauchmarks eines Regenwurmes</u>

    a) liegt ein Schnelleitungssystem vor,

    b) finden sich elektrische Synapsen,

    c) entspricht die Längserstreckung der einzelnen Neuronen der der Riesenfaser,

    d) werden Sinnesdaten vom Vorderende des Wurmes nach hinten übertragen,

    e) werden Sinnesdaten vom Hinterende des Wurmes nach vorne übertragen.

6.172 <u>Über wieviele Synapsen laufen (mindestens) Signale aus den Lichtsinneszellen der Retina bis sie die Sehrinde erreichen?</u>

6.173 <u>Besitzen einzelne Motoneuronen auch hemmende
Synapsen an den Motoneuronen antagonistischer
Muskeln?</u>

6.174 <u>Für den Muskelspindel-Regelkreis gilt:</u>
   a) Er bietet einen Entlastungsreflex für stark
      beanspruchte Muskeln,
   b) Die Spannungsmeßfühler liegen nicht am Spin-
      delmuskel, sonder an denjenigen Muskeln, an
      die jene angeheftet sind,
   c) die Spindelmuskeln liefern jenes Maß an
      Kontraktion, das beim Istzustand des Haupt-
      muskels fehlt,
   d) die Spindelmuskeln werden nur mehr oder min-
      der passiv gedehnt, nicht aktiv kontrahiert.

6.175 <u>Von den Sehnenspindeln ausgehende Nerven wirken</u>
   a) mit hemmenden Synapsen auf den Muskel, zu
      dem die Sehne gehört,
   b) mit erregenden Synapsen auf Motoneuronen des
      Muskels, zu dem die Sehne gehört,
   c) mit erregenden Synapsen auf Motoneuronen von
      Antagonisten des Muskels, zu dem die Sehne
      gehört,
   d) mit erregenden Synapsen auf hemmende Inter-
      neurone der Motoneuronen des Muskels, zu dem
      die Sehne gehört,
   e) mit erregenden Synapsen auf erregende Inter-
      neuronen der Motoneuronen von Antagonisten
      des Muskels, zu dem die Sehne gehört,
   f) erregend auf Motoneuronen der Extremität der
      Gegenseite.

6.176 <u>Die Reaktion eines Säugetieres auf visuelle
Wahrnehmungen wird festgelegt durch</u>

    a) das auf die Netzhaut projizierte Bild der
       Umwelt in allen Details,

    b) das Muster der Stellen größten Beleuchtungs-
       kontrastes auf der Retina,

    c) das Muster der Stellen größten Beleuchtungs-
       kontrastes auf der Retina, in Verbindung mit
       visuellen Gedächtnisinhalten,

    d) das Muster der Stellen größten Beleuchtungs-
       kontrastes auf der Retina in Verbindung mit
       visuellen Gedächtnisinhalten und der allge-
       meinen Stimmungslage des Tieres.

6.177 <u>Gesteigerte Aktivierung des Sympaticus bewirkt</u>

    a) Stillegung der Intestinalbewegung,

    b) Ende der Magen- und Darmsaftproduktion,

    c) Erzeugung von mehr Magenschleim,

    d) verstärkten Tonus der Wandmuskeln der Gallen-
       blase,

    e) verstärkten Tonus des Schließmuskels der
       Gallenblase,

    f) Durchblutungssteigerung in Tätigkeit befind-
       licher Muskeln,

    g) vertiefte Atmung,

    h) Pupillenerweiterung.

6.178 <u>Ist das vegetative Nervensystem in seiner Funktion vom Zentralnervensystem unabhängig?</u>

6.179 <u>Können periodische elektrische Reizungen geeig-
neter Stellen im Hirn zu ebenfalls periodischen
Reaktionen, aber mit anderer Frequenz führen?</u>

6.180 <u>Die elektrische Reizung einzelner Stellen im
Hirn der Katze kann je nachdem auslösen</u>

    a) eine bestimmte vorprogrammierte Bewegungs-
       folge,

    b) die Aktivierung eines Funktionsziels,

    c) eine Instinkthandlung,

    d) Atonie.

6.181 <u>Werden Ratten stets süchtig, wenn ihnen die
Möglichkeit gegeben ist, sich über an verschiedenen Stellen in ihrem Hirn eingepflanzte Elektroden selbst elektrisch zu stimulieren?</u>

6.182 <u>Wenn ein Huhn an zwei Stellen seines Hirns
gleichzeitig elektrisch stimuliert wird, ergibt
sich als Antwort</u>

    a) die Auslösung des der stärker stimulierten
Elektrode entsprechenden Verhaltens,

    b) eine Unterdrückung jeglicher Reaktion,

    c) zufallsgemäß eine Auslösung einer der den
Elektroden zugeordneten Verhaltensweise.

6.183 <u>Bei der Feldgrille lassen sich durch elektrische Hirnreizung Flugbewegungen auslösen. Dies
ist bemerkenswert, weil</u>

    a) die Bewegungen nicht im Verhaltensrepertoire
der Feldgrille vorkommen,

    b) die Flugbewegungen nach einem völlig anderen
Muster ablaufen als die freifliegender Feld-
grillen,

    c) nur solche Tiere stimulierbar sind, die in-
nerhalb der letzten 4 Minuten vor dem Stimu-
lationsversuch von einem Fluge zurückgekehrt
sind,

    d) nur solche Tiere stimulierbar sind, die seit
wenigstens 2 Stunden nicht geflogen sind.

6.184 <u>Welche Zeitdifferenzschwelle wird beim Richtungshören des Menschen noch verwertet?</u>

    a) 0,1 sec,

    b) 10 msec,

    c) 2 msec,

    d) 100 Mikrosec,

    e) 20 Mikrosec.

6.185 <u>Welche der folgenden, auf die Retina eines Fro-
sches entworfenen Bilder bzw. Bildbewegungen
führen zu für erstere spezifischen Erregungen
bestimmter einzelner Neuronen?</u>

a) Ein großes dunkles Objekt kommt in den Ge-
sichtskreis,

b) eine Hell-Dunkel-Grenze verschiebt sich über
das Gesichtsfeld nach links,

c) eine Hell-Dunkel-Grenze verschiebt sich über
das Gesichtsfeld nach rechts,

d) Annäherung eines dunklen Objektes,

e) Entfernung eines hellen Objektes,

f) Bewegung eines kleinen dunklen Objektes im
Gesichtsfeld.

6.186 <u>Liegen die Sprachzentren des menschlichen Hirns
bei Rechts- und Linkshändern in der gleichen
Hemisphäre?</u>

6.187 <u>Verlassen das Kleinhirn ausschließlich hemmende
Neuronen?</u>

6.188 <u>Wie verhält es sich mit der lokomotorischen
Aktivität eines Flughörnchens, das experimentell in einer Dunkelkammer gehalten wird?</u>

a) Es tritt kein erkennbarer Unterschied auf
gegenüber der Aktivität im Freiland,

b) es verfällt nach einigen Stunden in Dauer-
schlaf,

c) Perioden der Aktivität und der Ruhe erfüllen
die Zeit in etwa demselben Verhältnis wie
vorher, aber in völlig regelloser Abfolge,

d) es tritt ein Aktivitätsrhythmus von 48 statt
24 Stunden ein,

e) der 24-Stunden-Tag wird als Rhythmus auf wenige Minuten genau eingehalten,

f) es ergibt sich ein Rhythmus, der vom 24-Stun-
den-Tag um nicht mehr als 1 Stunde abweicht,

g) die Aktivität tritt periodisch auf; das Einsetzen der Periode ist auf wenige Minuten
genau bestimmt,

h) der zeitliche Ablauf der Aktivitätsvertei-
lung ist von Individuum zu Individuum in
reproduzierbarer Weise verschieden.

6.189 Für Organismen mit einer "circadianen Uhr" ist
      typisch

    a) daß diese Uhr angeboren ist und ihre Periode
       nicht ausgelöscht werden kann,

    b) daß ihre Periode weitgehend unabhängig von
       der Umgebungstemperatur ist,

    c) daß ihre Periode von der Beleuchtungsstärke
       der Umgebung völlig unabhängig ist.

6.190 Es gibt Beispiele für

    a) die Suspendierung des endogenen Rhythmus und
       Steuerung der Tagesperiode allein durch den
       Lichtrhythmus der Umgebung,

    b) die Korrektur des endogenen Rhythmus durch
       die Tagesperiode des Lichtes in der Umgebung,

    c) die Korrektur des endogenen Rhythmus durch
       die Tagesperiode der Temperatur der Umgebung,

    d) die Korrektur des endogenen Rhythmus durch
       die Tagesperiode akustischer Muster.

6.191 Welche der folgenden Parameter variieren bei
      Säugetieren (experimentelles Beispiel Maus)
      tagesperiodisch?

    a) Körpertemperatur,

    b) Corticoid-Ausscheidung,

    c) Calcium-Ausscheidung,

    d) Kalium-Ausscheidung,

    e) Toxin-Empfindlichkeit.

6.192 Zu einer völligen Anpassung des Menschen an ei-
      nen geänderten äußeren Tagesrhythmus (Zeitzo-
      nenwechsel) kommt es

    a) sofort,

    b) nach Stunden,

    c) nach wenigen Tagen,

    d) nach zwei Wochen,

    e) nach zweieinhalb Monaten.

6.193 <u>Die Tagesrhythmik der lokomotorischen Aktivität
von Küchenschaben ist</u>

    a) exogen gesteuert durch lichtempfindliche
       Strukturen im Suboesophagalganglion,

    b) exogen gesteuert durch die Lichtwahrnehmung
       über die Augen,

    c) endogen bestimmt durch das Suboesophagal-
       ganglion,

    d) endogen bestimmt durch den Lobus opticus,

    e) hormonal übertragen auf die Thorakalganglien,

    f) neurosekretorisch übertragen auf die Thora-
       kalganglien,

    g) neuronal übertragen auf die Thorakalganglien.

6.194 <u>Versuche an verschiedenen Schmetterlingsarten
haben gezeigt, daß die artspezifisch eng um-
schriebene Tageszeit des Ausschlüpfens kontrol-
liert wird</u>

    a) vom Lobus opticus,

    b) vom Gehirn,

    c) von den Thorakalganglien

<u>und daß dafür ausschlaggebende Lichtsignale
empfangen werden</u>

    d) von den Augen,

    e) vom Gehirn,

    f) von den Corpora allata,

<u>sowie daß dabei das Signal</u>

    g) ausschließlich neuronal,

    h) z.T. durch artspezifische Hormone übertragen
       wird.

6.195 <u>Welche Voraussetzungen müssen für das Funktionieren des Sonnenkompasses eines Vogels (Star)
erfüllt sein?</u>

    a) Wahrnehmung der Sonnenhöhe,

    b) Wahrnehmung des Sonnenazimuts,

    c) Funktionieren einer circadianen Uhr des Vo-
      gels,

    d) Erfassung der Tageslänge durch den Vogel.

6.196 <u>Bei der Mücke Clunio</u>

    a) findet das Schlüpfen lunar- und gezeitenperiodisch statt,

    b) wird der Schlüpfzeitpunkt der Puppen durch gezeitenperiodische Signale beeinflußt,

    c) wird der Schlüpfzeitpunkt der Puppen durch lunarperiodische Signale beeinflußt,

    d) wird die lunare Periode allein durch den Zeitpunkt der Eiablage bedingt,

    e) wird die Gezeitenperiode allein durch Absterben der nicht zeitgerecht reifenden Puppen bedingt.

6.197 <u>Die Messung der Tageslänge bei Blütenpflanzen beruht auf der</u>

    a) Länge der Lichtperiode allein,

    b) Länge der Dunkelperiode allein,

    c) tagesrhythmischen Verteilung von Lichtperioden.

7. Verhalten

7.1 <u>Eine Verhaltensweise ist angeboren</u>

    a) immer dann, wenn sie keiner auslösenden äuße-
       ren Ursache bedarf,

    b) immer dann, wenn ihre Gestaltung von der Wir-
       kung bestimmter Gene abhängt,

    c) nur dann, wenn sie von Geburt an auftritt,

    d) immer dann, wenn das individuelle Gedächtnis
       des Tieres für ihre Auslösung keine Rolle
       spielt,

    e) nur dann, wenn das individuelle Gedächtnis des
       Tieres für ihre Auslösung keine Rolle spielt.

7.2 <u>Aktive Fortbewegung von Tieren ist in aller Regel</u>

    a) erlernt,

    b) von Muskelarbeit abhängig,

    c) an periodische Bewegung einzelner Körperteile
       gebunden,

    d) bei Insekten stets auf Periodengeber im ZNS
       angewiesen,

    e) bei Wirbeltieren stets auf Periodengeber im
       ZNS angewiesen.

7.3 <u>Kennzeichnet die Tatsache, daß ein bestimmtes
Verhalten von Bienen regelmäßig nur zu einer
bestimmten Tageszeit zu beobachten ist, dieses
als angeboren?</u>

7.4 <u>Bei welchen der nachfolgend genannten Tiere findet sich welche Regelung der Raumlage?</u>

    a) Tauben,

    b) Bienen,

    c) Segelflosser;

    d) Schwerelot,

    e) Lichtlot,

    f) Schwerelot, soferne unter 1,2 g, darüber Licht-
       lot,

    g) gewichtete Mitteilung zwischen Schwere- und Lichtlot.

7.5 <u>Das Ausfallen von Raumlagesinnesorganen führt bei den meisten Tieren</u>

    a) nicht zu äußerlich leicht feststellbaren Verhaltensänderungen,

    b) zu Einnahme der Bauch- statt der Rückenlage,

    c) zu langsamen unregelmäßigen Schwankungen der Körperlage im Raum,

    d) zu Drehbewegungen.

7.6 <u>Menotaxis bezeichnet</u>

    a) eine Fortbewegung, deren Geschwindigkeit von der Stärke eines Reizes abhängt,

    b) ungezielte Wendereaktion nach der Resorption eines Reizes,

    c) direkte Abwendung von der Quelle eines Reizes,

    d) direkte Zuwendung zur Quelle eines Reizes,

    e) Einhaltung eines durch die Situation des Tieres bestimmten Winkels zu einer äußeren Reizwirkung,

    f) die Sonnenkompaß-Orientierung.

7.7 <u>Die Bereitschaft des Huhnes, Junge zu führen</u>

    a) besteht normalerweise nur bei der Henne nach dem Brüten auf Eiern,

    b) wird durch Suchlaute der Küken stets ausgelöst,

    c) ist physiologischerweise auf Prolaktin-Wirkung zurückzuführen,

    d) kann in der Henne durch Prolaktin-Injektionen herbeigeführt werden,

    e) kann im Hahn durch Prolaktin-Injektionen herbeigeführt werden.

7.8 Angeborene auslösende Mechanismen bei Tieren

    a) haben sich bisher als monosynaptische Reflexe herausgestellt,

    b) sind ein Sinnesdaten analysierendes Teilsystem des ZNS,

    c) haben sich so entwickelt, daß sie stets maximal auf ihre natürliche auslösende Situation ansprechen,

    d) sprechen bei einer von der natürlichen auslösenden Situation verschiedenen nicht an,

    e) haben keinen Einfluß auf die Lernvorgänge des Tieres.

7.9 Steht am Beginn eines jeden instinktiven Verhaltensablaufs die Wirkung eines angeborenen auslösenden Mechanismus?

7.10 Appetenzverhalten im Rahmen eines instinktiven Verhaltensablaufes

    a) bezeichnet immer die späteren Etappen des Gesamtverhaltens,

    b) erhöht die Wahrscheinlichkeit für die Wirkung angeborener auslösender Mechanismen mit dem gleichen Triebziel,

    c) stellt eine Alternative dar zur Wirkung angeborener auslösender Mechanismen mit dem gleichen Triebziel,

    d) kann in gewissen Fällen den gesamten Ablauf charakterisieren.

7.11 Welche der folgenden Eigenschaften sind untypisch für Instinkthandlungen?

    a) Eine längere Folge verschiedener, hintereinander auszuführender Bewegungen,

    b) eine detaillierte Artspezifität,

    c) Beteiligung mehrerer angeborener auslösender Mechanismen,

    d) geschickte Ausnutzung der Umweltverhältnisse,

    e) rasche Anpassung an ungewöhnliche Umweltveränderungen.

7.12 Zwischen der Antriebsgröße tierischen Verhaltens und den sich als Erfolg dieses Verhaltens einstellenden physiologischen Zuständen besteht im allgemeinen

    a) keine besondere Beziehung,

b) eine negative Rückkopplung,

c) eine positive Rückkopplung.

7.13 <u>Was bewegt einen Hund normalerweise, mit Fressen</u>
<u>aufzuhören?</u>

    a) das Erreichen eines bestimmten Versorgungszustandes,

    b) eine bestimmte Magenfüllung.

7.14 <u>Eine bestimmte Verhaltensweise eines Tieres</u>

    a) kann in den meisten Fällen gleichzeitig mit
einer anderen ablaufen,

    b) bedarf für ihr Auftreten einer gewissen Aktivierung einer für sie spezifischen Bereitschaft,

    c) tritt immer dann auf, wenn eine für sie spezifische Bereitschaft einen bestimmten Wert
erreicht hat, unabhängig von der Bereitschaft
für andere Verhaltensweisen,

    d) inhibiert durch ihr Auftreten das Auftreten
anderer Verhaltensweisen,

    e) dürfte mit anderen Verhaltensweisen durch laterale Rückwärtsinhibition verbunden sein,

    f) konsumiert durch ihren Ablauf i.a. alle
gleichzeitig bestehenden Bereitschaften für
andere Verhaltensweisen.

7.15 <u>Können Unterschiede in der Stärke auslösender</u>
<u>Reize durch Unterschiede in der Bereitschaft</u>
<u>für ein bestimmtes Verhalten kompensiert werden?</u>

7.16 <u>Übersprungverhalten</u>

    a) ergibt sich regelmäßig nach Eintritt des Enderfolges einer Verhaltensweise,

    b) erschöpft sich meistens in Intentionsbewegungen,

    c) tritt ohne angemessene eigene Motivation auf,

    d) setzt immer die Blockierung mindestens einer
anderen Verhaltensweise voraus,

    e) kann aus dem Konflikt zweier starker Verhaltenstendenzen resultieren.

7.17 <u>Welche Bedingungen müssen für die Ausbildung
eines bedingten Reflexes gegeben sein?</u>

    a) Der auslösende Reiz des bedingten Reflexes
muß dem des unbedingten etwa 0,5 sec voraus-
gehen,

    b) der auslösende Reiz des bedingten Reflexes muß
dem des unbedingten um etwa 2 sec nachfolgen,

    c) die beiden Reize dürfen nicht von der gleichen
Sinnesqualität (z.B. beides taktile Reize)
sein,

    d) das Tier darf keine Aversion gegen den unbe-
dingten Reiz haben,

    e) das Tier muß eine Aversion für den unbeding-
ten Reiz haben,

    f) der unbedingte Reflex muß zur Bildung eines
bedingten Reflexes geeignet sein, was nicht
für alle unbedingten Reflexe zutrifft,

    g) eine Beteiligung des Hirns ist nicht für die
Bildung aller bedingten Reflexe Voraussetzung.

7.18 <u>Bei der Erlernung einer bedingten Aktion kommt
es darauf an, daß</u>

    a) für die Aktion eine unbedingte Appetenz vor-
handen ist,

    b) für die Aktion eine (unbedingte oder beding-
te) Appetenz vorhanden ist,

    c) die Aktion einer bestimmten Triebbefriedigung
zeitlich eng vorausgeht,

    d) die Aktion zur Erreichung eines Triebzieles
zweckmäßig ist.

7.19 <u>Bedingte Aversionen gegen bestimmte Wahrnehmungen entstehen, wenn</u>

    a) diese Wahrnehmungen Schreck auslösen,

    b) in zufälligem Zusammentreffen kurz nach der
Wahrnehmung ein Schreck ausgelöst wird,

    c) die Wahrnehmung einen Schmerz verursacht,

    d) zufällig unmittelbar nach der Wahrnehmung ein
Schmerz empfunden wird.

7.20 <u>Prägung ist</u>

    a) angeboren,

    b) nur in einer kurzen sensiblen Phase zu er-
werben,

c) jederzeit bis zu einem gewissen Lebensalter
zu erwerben,

d) jederzeit bis zu einem bestimmten Lebensalter
zu löschen,

e) durch sehr spezifische Reizkombinationen und
nur durch diese zu löschen,

f) hinsichtlich der Auslösung auf bestimmte Reize angewiesen,

g) hinsichtlich der Gestaltung abhängig von der
Art anderer gleichzeitig gebotener Reize.

7.21 <u>Ein sexuell auf eine fremde Art geprägter männlicher Vogel</u>

a) beginnt je nach Gelegenheit die Balz vor Weibchen der eigenen oder solchen der fremden Art,
führt sie aber nur bei Weibchen der eigenen
Art zuende,

b) beginnt je nach Gelegenheit die Balz bei Weibchen der eigenen oder der fremden Art, führt
sie aber nur bei solchen der fremden Art zuende,

c) balzt ausschließlich vor Weibchen der fremden
Art,

d) balzt vorzugsweise vor Weibchen der fremden
Art,

e) balzt vorzugsweise vor Weibchen der eigenen
Art,

f) balzt vor Weibchen der fremden Art, bis er
einmal durch die Umstände dazu gezwungen,
vor einem Weibchen der eigenen Art zu balzen,
hinfort nur noch vor Weibchen der eigenen Art
balzt.

7.22 <u>Welche der folgenden Nachahmungen finden sich
bei Tieren nicht?</u>

a) Arteigene Lautkombinationen,

b) artfremde Lautkombinationen,

c) gesehenes Verhalten anderer Tiere,

d) manuelle Nachbildung des Gesehenen.

7.23 <u>Zur Erzeugung der Lernbereitschaft bei Tieren
sind</u>

    a) nur Belohnungen geeignet, nicht aber Strafen,

    b) bei Außerachtlassung ethischer Bedenken harte
       Strafen das stets wirksamste Mittel,

    c) bei höher entwickelten Tieren Belohnungen zu-
       nehmend günstiger als Strafen,

    d) hinreichend große Unterschiede in der Valenz
       verschiedener Handlungserfolge erforderlich,

    e) langfristig bei allen Tierarten weder Beloh-
       nung noch Strafen von Bedeutung,

    f) bei einigen Tierarten Belohnungen und Strafen
       nicht allgemein erforderlich.

7.24 <u>Ein im Langzeitgedächtnis festgehaltener Lern-
erfolg bei der Biene</u>

    a) kann sich bereits nach einer einzigen be-
       stimmten Farbwahl einstellen,

    b) stellt sich nicht ein, wenn sofort nach der
       Lernsituation die Biene einem Elektroschock
       unterworfen wird,

    c) kann auch durch CO_2-Narkose in der kritischen
       Zeit verhindert werden,

    d) liegt 7 Minuten nach der Lernsituation fertig
       vor,

    e) ist durch Elektroschock 7 Minuten nach der
       Lernsituation nicht mehr zu beeinflussen.

7.25 <u>Neugierde bedeutet in der Verhaltensforschung</u>

    a) Ortsbewegung und Prüfung alles dessen, dem
       das Lebewesen begegnet,

    b) gerichtetes Aufsuchen dessen, was sich als
       unbekannt erweist,

    c) die Entwicklung eines eigenen Verhaltens des
       Lebewesens im Wechselspiel mit der Umwelt.

7.26 <u>Typisch für das Spielen höherer Tierarten ist</u>

    a) die Einbeziehung instinktmäßiger Verhaltens-
       abläufe,

    b) die Einbeziehung der Appetenz für instinkt-
       mäßige Verhaltensabläufe,

    c) seine Unterdrückung beim Auftreten der meisten
       anderen Antriebe,

    d) die "Ernstfall-Relevanz" vieler beim Spielen
       gemachter Erfahrungen,

e) der Fortfall von Endhandlungen instinktmäßiger Verhaltensabläufe im Rahmen des Spieles,

f) ein Antrieb, das Spiel auf ernstfall-relevante Situationen zu lenken.

7.27 <u>Sogenannte Umweg-Versuche demonstrieren:</u>

a) Antriebe zu Erkundungsverhalten,

b) Geländekenntnis der betreffenden Tiere,

c) ein von vorneherein durch Einsicht gesteuertes Verhalten,

d) daß sich verschiedene Handlungstendenzen, zum Futter zu gelangen, gegenseitig hemmen können.

7.28 <u>Die Kombination von Merkmalen, die als Kennzeichen der Interaktion von Engrammen in der Steuerung der Handlung eines Tieres gelten kann, enthält</u>

a) die unverzügliche Einleitung eines komplizierten Handlungsablaufes, sobald der Antrieb dazu sich einstellt,

b) die zügige Durchführung der Handlung,

c) die vorherige Erlernung des Gesamtverhaltens,

d) daß die Handlung nicht zufällig ist,

e) daß die Handlung nicht angeboren ist.

7.29 <u>Haben sich soziale Signale bei Tieren im allgemeinen als phylogenetische Abwandlung bereits vorher entwickelter Verhaltensweisen ohne Signalcharakter ergeben?</u>

7.30 <u>Ritualisierte Anteile des Balzverhaltens der Vögel können hergeleitet sein vom</u>

a) Verhalten der Jungenfürsorge,

b) Nestbauverhalten,

c) Angriff,

d) Auflauern.

7.31 <u>Die Begrüßung beim weißen Storch unterscheidet sich vom Drohen dadurch, daß</u>

    a) der Schnabel nur gesperrt wird, ohne zu klappern,

    b) nur Intentionsbewegungen des Klapperns ausgeführt werden,

    c) der Kopf zurückgewendet wird,

    d) der Kopf mit dem Schnabel vorn nach unten gehalten wird,

    e) das Klappern in einem bestimmten Rhythmus unterbrochen wird.

7.32 <u>Bei Pavianen fungieren ritualisierte Bestandteile des Sexualverhaltens als</u>

    a) Warnung vor Raubtieren,

    b) Überlegenheitsgebärden,

    c) Unterlegenheitsgebärden,

    d) Futterbetteln.

7.33 <u>Der Angriff eines Tieres kann verursacht sein</u>

    a) durch Hunger,

    b) durch sexuelle Bereitschaft,

    c) durch Angst,

    d) durch Rangordnungsfragen,

    e) durch Frustration,

    f) durch Spielbereitschaft,

    g) im kollektiven Verhalten gegen einen Gruppenfeind durch den Warnschrei eines Artgenossen,

    h) im kollektiven Verhalten gegen einen Gruppenfeind durch das Beispiel anderer Tiere.

7.34 <u>Innerartliche Auseinandersetzungen werden mit den gleichen Waffen ausgetragen wie solche gegen artfremde Tiere bei</u>

    a) Wölfen,

    b) Giraffen,

    c) Galapagos-Leguanen,

    d) Löwen.

7.35 <u>Wurde allgemein eine Tötungshemmung bei innerartlichen Auseinandersetzungen wehrhafter Tiere gefunden?</u>

7.36 <u>Für tierisches Revierverhalten ist allgemein</u>
<u>typisch, daß</u>

    a) die Verteidigung des Reviers sich nur gegen
       eigene Artgenossen richtet,

    b) das Revier von einem Individuum zu allen Zei-
       ten behauptet wird,

    c) das Revier nur anläßlich besonderer Situati-
       onen im Leben des Tieres beansprucht wird,

    d) die Grenzen des Reviers durch olfaktorische
       Markierungen festgelegt werden.

7.37 <u>Für Revierkämpfe gilt, daß</u>

    a) sie vom Verteidiger am intensivsten an der
       Grenze seines Reviers geführt werden,

    b) sie vom Verteidiger am intensivsten in der
       Mitte seines Reviers geführt werden,

    c) sie in der Mehrzahl der Fälle vom Verteidiger
       gewonnen werden,

    d) die Kampfbereitschaft des revierfremden Tie-
       res geringer ist als sie es im eigenen Revier
       wäre.

7.38 <u>Populationen von Feldmäusen</u>

    a) werden durch Revierverhalten der Männchen bei
       stabiler Bevölkerungsdichte gehalten,

    b) zeigen beträchtliche Schwankungen über mehre-
       re Jahre, die nur durch Räuber-Beute-Bezie-
       hungen zu erklären sind,

    c) werden durch Kannibalismus bei einer stabilen
       Bevölkerungsdichte gehalten,

    d) durchlaufen bei steigender Bevölkerungsdichte
       Situationen extremen Stresses für die einzel-
       nen Individuen.

7.39 <u>Die Geschlechtserkennung durch das männliche</u>
<u>Tier bei</u>

    a) Kröten,

    b) dem Tintenfisch Sepia

<u>hängt ab von</u>

    c) Geruchssignalen,

    d) kleinen Unterschieden im Aussehen,

    e) der Reaktion des Partners auf Annäherung,

    f) dauernd wahrnehmbaren Unterschieden im Ver-
       halten der Geschlechter.

7.40 In welcher Reihenfolge finden in der Partnerbe-
     ziehung der Lachtaube statt:

a) Wahrnehmung des balzenden Partners,

b) Ausschüttung von Progesteron,

c) Bereitschaft zur Paarung,

d) Nestbau,

e) Brüten,

f) Ausschüttung von Östrogenen,

g) Ausschüttung von Prolaktin,

h) Bereitschaft zum Jungenfüttern.

7.41 Die zur Begattung führenden Handlungen sind all-
     gemein angeboren bei

a) Insekten,

b) Gastropoden,

c) Fischen,

d) Reptilien,

e) Vögeln,

f) Säugetieren.

7.42 Bei der Pflege und Führung der Jungen sind die
     Männchen allein beteiligt bei

a) Enten,

b) Stichlingen,

c) den meisten Singvögeln,

d) Straußen.

7.43 Gibt es Beispiele für das individuelle Kennen
     der Jungen durch die Eltern nur bei Säugetieren?

7.44 Rangordnungen in Tiergemeinschaften

a) werden durch den Ausgang paarweiser Kämpfe
   festgelegt,

b) gibt es nur bei lernfähigen Tieren,

c) sind in ihrer Schärfe je nach Spezies verschieden,

d) werden durch Raumnot verschärft,

e) bleiben durch Nahrungsmangel unbeeinflußt,

f) sind, soweit einmal fixiert, unabänderlich.

7.45 <u>Experimentell wurde Tauben das Erreichen eines</u>
<u>höheren Ranges ermöglicht durch vorherige</u>

a) reichliche Fütterung,

b) Fütterung mit Testosteron,

c) Fütterung mit Östradiol,

d) Isolierung ausschließlich mit gegengeschlecht-
lichen anderen Tauben ("Hahn im Korb"),

e) Training mit einer "Rivalen-Attrappe".

7.46 <u>Besonders alte und daher an Körperkraft nicht</u>
<u>mehr überlegene Tiere haben den höchsten Rang</u>
<u>oft inne bei</u>

a) Wölfen,

b) Menschenaffen,

c) Wildpferden,

d) Hirschen.

7.47 <u>Zusammenlebende Gruppen von Affen</u>

a) kommen bei jeder bestimmten Spezies nur in
einer nach Alter- und Geschlechtsverteilung
statistisch einheitlichen Art vor,

b) sind in ihrer Statistik zwischen verschiedenen Spezies nicht wesentlich verschieden,

c) entsprechen in ihrer Zusammensetzung im allgemeinen nicht der natürlichen Altersschich-
tung und Geschlechtsverteilung.

7.48 <u>Bei Insektenstaaten erkennen die Individuen ihre</u>
<u>Staatszugehörigkeit gegenseitig an</u>

a) für den einzelnen Staat typischen Verhaltens-
mustern,

b) akustischen Signalen,

c) chemischen Signalen,

d) durch Nahrungsunterschiede bedingten kleinen
Färbungsunterschieden zu den Individuen an -
derer Staaten.

7.49 <u>Der Unterschied von Brutpflegerinnen, Bauarbei-
terinnen, Verteidigerinnen des Stockes und Samm-
lerinnen bei Bienen</u>

    a) wird durch bestimmte Allele eines autosoma-
len Gens festgelegt,

    b) wird sogleich nach dem Schlüpfen durch ver-
schiedene Hormongaben an verschiedene Larven
festgelegt,

    c) wird rein zufällig determiniert,

    d) ist ein Unterschied des Entwicklungsalters
der Individuen,

    e) besteht z.T. in der unterschiedlichen Akti-
vierung bestimmter Drüsen bei den einzelnen
Formen.

7.50 <u>Ein Bienenschwarm fliegt zu einer neuen Höhle,
wenn</u>

    a) sämtliche Bienen diese inspiziert und für gut
befunden haben,

    b) die Mehrzahl der Bienen diese inspiziert und
für gut befunden haben,

    c) sämtliche Spurbienen diese inspiziert und für
gut befunden haben,

    d) die Mehrzahl der Spurbienen diese inspiziert
und für gut befunden haben,

    e) einzelne Spurbienen besonders intensiv für
sie geworben haben.

7.51 <u>In den Rudeln der Wanderratte</u>

    a) können mehrere hundert Tiere zusammenleben,

    b) findet sich keine Rangordnung,

    c) erkennen sich die einzelnen Mitglieder am
Geruch,

    d) bildet sich keine Ehe aus,

    e) verteidigen die Weibchen ein Revier für sich
und ihre Jungen,

    f) werden brünstige Weibchen von vielen Männchen
des Rudels gedeckt,

    g) können die Individuen einander darüber infor-
mieren, von welchen Nahrungsmitteln Gefahr
droht.

8. Ökologie

8.1 <u>Die Anpassungsmöglichkeit von Organismen an einen Umweltfaktor setzt voraus, daß dieser</u>

    a) statistischen Gesetzmäßigkeiten unterliegt,

    b) in einem engen Bereich festliegt,

    c) von anderen Umweltfaktoren unabhängig variiert,

    d) für den jeweiligen Organismus optimale Werte annimmt.

8.2 <u>Das Raum-Zeit-Muster der Lichtreaktionen stellt die größten Anforderungen an die Anpassung der dort lebenden Organismen</u>

    a) in der Tiefsee,

    b) auf dem Land in der gemäßigten Zone,

    c) in der Polarregion.

8.3 <u>Unter Wolken und unter Vegetation ist die zuge-strahlte Sonnenenergie gemindert, und die spektrale Energieverteilung ist verschoben. Das Strahlungsmaximum liegt</u>

    a) unter Wolken und unter Vegetation im sichtbaren Bereich,

    b) unter Wolken und unter Vegetation im infraroten Bereich,

    c) unter Wolken im infraroten und unter Vegetation im sichtbaren Bereich,

    d) unter Wolken im sichtbaren und unter Vegetation im infraroten Bereich.

8.4 <u>Die Solarkonstante, die die Sonnenenergie angibt, die im Mittel auf den Außenrand der Erdatmosphäre auffällt, beträgt etwa</u>

    a) 1 bis 2 kJ m^{-2} s^{-1},

    b) 10 bis 20 kJ m^{-2} s^{-1},

    c) 100 bis 200 kJ m^{-2} s^{-1},

    d) 1 bis 2 kW m^{-2}.

8.5 Während des Einstrahlungstypus ist die frei exponierte Erdoberfläche

a) die kälteste,

b) die wärmste

und während des Ausstrahlungstypus ist sie

c) die kälteste,

d) die wärmste

Stelle im Höhenprofil des Standortes.

8.6 Blätter sind unter Freilandbedingungen

a) immer wärmer,

b) immer kälter,

c) unter Umständen kälter, unter Umständen wärmer als die sie umgebende Luft.

8.7 Ein transpirierendes Blatt

a) ist immer kälter,

b) ist immer wärmer

c) ist unter Umständen kälter, unter Umständen wärmer

als ein sonst gleiches aber nicht transpirierendes.

8.8 Mikroorganismen gehören im Boden vorwiegend zu den

a) Destruenten,

b) Primärproduzenten.

8.9 Unter Evaporation versteht man

a) ein Maß für die Porengröße im Boden,

b) Verdunstung von feuchten Oberflächen,

c) Wasserabgabe durch den Porus der Stomata der Blätter.

8.10 Ob das Bodenwasser von Organismen genutzt werden kann hängt ab

a) von den osmotischen Verhältnissen der Bodenlösung,

b) von den Kapillarkräften, mit denen das Wasser im Boden gebunden ist,

c) von der Saugkraft der Organismen.

8.11 <u>In einem See bezeichnet man mit Profundal die
Zone</u>

   a) in der Wasserpflanzen wurzeln,

   b) des freien Wassers,

   c) des Seebodens, die frei von wurzelnden Wasser-
      pflanzen ist.

8.12 <u>Eutrophe Gewässer führen</u>

   a) mehr Phosphat und Nitrat,

   b) weniger Phosphat und Nitrat

<u>als oligotrophe Gewässer.</u>

8.13 <u>Es gibt</u>

   a) Bakterien,

   b) Fische,

   c) Algen,

   d) Krebse,

   e) höhere Pflanzen,

   f) keine Organismen

<u>die durch Osmoregulation befähigt sind, in kon-
zentrierter Meersalzlösung zu leben.</u>

8.14 <u>Eine Trennung von Umweltfaktoren, die Reaktionen
eines Organismus hervorrufen (Auslösungsfaktoren)
von solchen, an die diese Reaktion eine Anpassung
bewirkt (Anpassungsfaktoren) kann auftreten</u>

   a) nur wenn beide Faktoren gleichzeitig wirken,

   b) wenn ihr zeitlicher Verlauf statistisch unab-
      hängig ist.

8.15 <u>Als Auslösefaktoren für den Vogelzug wirksam sind</u>

   a) das sommerliche Nahrungsangebot im Norden,

   b) das Erreichen eines bestimmten Lebensalters,

   c) die Tageslänge in dem Überwinterungsgebiet,

   d) akute Nahrungsverknappung in dem Überwinte-
      rungsgebiet.

8.16 <u>Zu den biotischen Umweltfaktoren einer Tierspe-
zies zählen:</u>

   a) Die mittlere Umgebungstemperatur,

   b) die spektrale Verteilung des Lichtes,

   c) das Nahrungsangebot,

   d) das Vorkommen von Parasiten.

8.17 <u>Beispiele von Koevolution ergeben sich</u>

a) bei der Anpassung von Parasit und Wirt,

b) bei Symbionten,

c) bei der Anpassung an abiotische Umweltfaktoren,

d) bei der Einnischung von Konkurrenten,

e) bei der Evolution von Räubern und ihrer Beute.

8.18 <u>Als in der Wirkung artspezifische biotische Faktoren ergeben sich z.B.:</u>

a) Die Freisetzung von Vitamin B_{12} durch Boden-
bakterien,

b) die Freisetzung von Hemmsubstanzen des weißen
Steinklees im Boden,

c) die Freisetzung von Lockstoffen durch Insekten,

d) Farbe, Form und Geruch von Blütenpflanzen als
Schlüsselreize für Insekten.

8.19 <u>Als guter Meßwert für die Summe aller energie-
verbrauchender Prozesse der meisten heterotro-
phen Organismen ist anzusehen:</u>

a) Die Quantität der aufgenommenen Nahrung,

b) die Wasseraufnahme,

c) die Gewichtszunahme der Organismen,

d) die Atmungsgröße,

e) die im Tagesmittel durch Eigenbewegung zu-
rückgelegte Wegstrecke.

8.20 <u>Bestimmt das Verhalten einer Spezies die für sie
wirksamen Umweltfaktoren mit?</u>

8.21 <u>Bei geringer werdender Lichtintensität verschiebt sich das Temperaturoptimum der Nettophotosynthese einer Pflanze</u>

a) nicht,

b) in den Bereich tieferer Temperaturen,

c) in den Bereich höherer Temperaturen.

8.22 <u>Krautige Blütenpflanzen Mitteleuropas haben eine
Kältewiderstandsfähigkeit, die es ihnen erlaubt
Temperaturen bis</u>

a) -10° C,

b) -20° C,

c) -50° C,

auszuhalten und eine Hitzeresistenz, die es
ihnen gestattet für 30 Minuten

d) 30° C bis 40° C,

e) 40° C bis 50° C,

f) 50° C bis 60° C,

g) mehr als 60° C

zu ertragen.

8.23 Als Beispiel von eurythermen Fischarten sind an-
zuführen:

a) Forellen,

b) Karpfen.

8.24 Als Bioindikatoren bezeichnet man

a) Farbstoffe, mit denen man den pH-Wert in Zellen bestimmt,

b) Organismen, die bestimmte Standortsverhältnis-
se anzeigen,

c) Charakterarten in Pflanzengesellschaften.

8.25 Typische "Konformisten" bezüglich z.B. Hydratur
und Temperatur

a) sind mit besonderen Regeleinrichtungen zur
Konstanthaltung der Aktivität des Wassers
bzw. der Temperatur ausgestattet,

b) sind bei sehr unterschiedlichen Temperatur-
und Feuchtigkeitsbedingungen rasch wachsend
oder aktiv,

c) sind meist stammesgeschichtlich jüngere Entwicklungen,

d) haben besondere morphologische Anpassungen
zum Schutze gegen Verdunstung bzw. gegen Wär-
meverlust ausgebildet.

8.26 Folgende Pflanzengruppen zählen in ihrer typischen Ausprägung zu den poikilohydren Organismen:

a) Phanerophyten,

b) Farne,

c) Flechten,

d) Algen.

8.27 Der Sauerstoffverbrauch eines bei 25° C akklimatisierten Pappelblattkäfers (Melasoma populi) bei 25° C unterscheidet sich wesentlich von

a) seinem Sauerstoffverbrauch bei 12° C,

b) dem Sauerstoffverbrauch eines bei 12° C akklimatisierten Käfers bei 12° C,

c) dem Sauerstoffverbrauch des letzteren (b) bei 25° C.

8.28 Akklimatisationsvorgänge haben mit homoiostatischen Regelungen gemeinsam:

a) die Erweiterung des Toleranzbereiches der Spezies für bestimmte Umweltfaktoren,

b) die Abänderung der Reaktionsnorm einzelner Individuen auf Veränderung dieser Umweltfaktoren,

c) die erforderlichen Anpassungszeiten,

d) in der Regel übereinstimmende molekulare Mechanismen der Anpassung.

8.29 Das Temperaturoptimum für die Nettophotosynthese der Pflanzen

a) ist infolge der Übereinstimmung des biochemischen Mechanismus eine Kenngröße, die bei allen Organismen übereinstimmt,

b) ist artspezifisch in Anpassung an die Standortsbedingungen unterschiedlich,

c) kann jahreszeitlichen Verschiebungen unterliegen.

8.30 Die nach Raunkiaer definierten Lebensformen teilen die Pflanzen nach folgenden Gesichtspunkten ein:

a) Verholzungsgrad der Achsengewebe,

b) Lebensdauer der Vegetationskörper,

c) Lage der ausdauernden Organe oder Erneuerungsknospen in Bezug zur Bodenoberfläche,

d) Größe, Struktur und Zerteilungsgrad der Blätter,

e) Überbrückung der ungünstigen klimatischen Bedingungen.

8.31 Als Hemikryptophyten bezeichnet man

a) eine Übergangsgruppe zwischen den Kryptogamen und den Phanerogamen,

    b) eine Lebensform der Pflanzen, zu der z.B. die Zwiebelgewächse gehören,

    c) Rosetten- und Horstpflanzen, deren oberirdische Sproßsysteme im Winter absterben.

8.32 Durch Erhöhung der Windgeschwindigkeit, der ein Blatt ausgesetzt ist, wird seine Transpiration

    a) immer erhöht,

    b) immer erniedrigt,

    c) je nach Strahlungsbilanz entweder erhöht oder vermindert,

    d) nicht verändert.

8.33 Die Mittagsdepression der Transpiration einer Pflanze unter natürlichen Bedingungen

    a) beruht auf einer temperaturbedingten Erhöhung des cuticulären Diffusionswiderstandes,

    b) ist gewöhnlich auch mit einer Depression der Nettophotosynthese verbunden,

    c) wird durch zeitweiligen Spaltöffnungsschluß hervorgerufen,

    d) führt zu einer effektiven Nutzung des Wassers in Hinblick auf die photosynthetische Stoffbilanz,

    e) verhindert die Überhitzung der Blätter.

8.34 Die Tagesabläufe des CO_2-Gaswechsels bestimmter Pflanzengruppen sind unter ariden Bedingungen charakteristisch. Ordnen Sie die Gaswechseltypen

    a) CO_2-Aufnahme im wesentlichen während der Nacht,

    b) eingipfelige Tageskurve der Nettophotosynthese

    c) Tageskurve der Nettophotosynthese mit Mittagsdepression,

    d) kurzer morgendlicher Gipfel der Nettophotosynthese

den folgenden Pflanzen zu:

    e) poikilohydre Flechte,

    f) C_4-Pflanze,

    g) CAM-Pflanze,

    h) C_3-Pflanze.

8.35 <u>Der Begriff der ökologischen Nische bezeichnet</u>

   a) die Lebensbedingungen jeweils eines einzelnen Individuums,

   b) die Grenzen der geographischen Verbreitung einer Spezies,

   c) bezogen auf eine Population, den Bereich biotischer und abiotischer Umweltfaktoren, in dem diese Population existenzfähig ist.

8.36 <u>Die bei wildlebenden Populationen gefundenen ökologischen Nischen sind im allgemeinen</u>

   a) übereinstimmend,

   b) weiter,

   c) enger

<u>als aus experimentellen Daten abgeleitete Toleranzbereiche.</u>

8.37 <u>Bei der Beurteilung von ökologischen Nischen in verschiedenen Ökosystemen als ähnlich spielen eine Rolle:</u>

   a) Entsprechende Stellungen der Inhaber der Nische in der Nahrungskette des Systems,

   b) Ähnlichkeiten in der Anpassung an einzelne abiotische Umweltfaktoren,

   c) nahe taxonomische Beziehungen der Nischeninhaber,

   d) Übereinstimmung in allen wesentlichen Klimafaktoren der jeweiligen Umwelt,

   e) konvergente Ausbildung von morphologischen Merkmalen.

8.38 <u>Bei 5 im nordamerikanischen Nadelwald lebenden Vogelarten der Gattung Dendroica wurde eine Nischentrennung beobachtet aufgrund</u>

   a) getrennter geographischer Verbreitungsgebiete,

   b) der Präferenz für verschiedene Nahrung tierischen Ursprungs,

   c) verschiedenen jahreszeitlichen Vorherrschens,

   d) Wahl des Standortes auf Nadelbäumen verschiedener Spezies,

   e) unterschiedlicher Aufenthaltshäufigkeit in verschiedenen Bereichen von Fichten,

   f) unterschiedlichen Färbungsmusters ihres Gefieders.

8.39 <u>Limitierend für die Größe bzw. das Wachstum ei-</u>
<u>ner Population sind:</u>

a) Alle Umweltfaktoren,

b) häufig kein Umweltfaktor,

c) immer ein Umweltfaktor,

d) meist einige Umweltfaktoren,

e) in Abhängigkeit von den Werten der übrigen
Faktoren u.U. verschiedene Faktoren,

f) in jedem Falle das Nahrungsangebot.

8.40 <u>Geeignete Maße für die Größe einer Population</u>
<u>sind:</u>

a) Die Zahl der in ihr enthaltenen Individuen,

b) die von ihnen verkörperte Biomasse,

c) die Altersverteilung in ihr,

d) die Größe des von der Population beanspruchten
Areals.

8.41 <u>Bei Vorkommen verwandter Arten im gleichen Areal</u>
<u>ist eine Entwicklung der Population im Sinne</u>

a) der Angleichung,

b) der verzögerten Ausbildung von Unterschieden,

c) der beschleunigten Ausbildung von Unterschieden

<u>festzustellen.</u>

8.42 <u>Die für eine Population nachteiligen Effekte des</u>
<u>Unterschreitens ihres Dichteoptimums rühren häu-</u>
<u>fig her von:</u>

a) Nahrungskonkurrenz,

b) Territorialkämpfen,

c) beeinträchtigten Fortpflanzungschancen,

d) mangelndem sozialen Zusammenwirken der Popu-
lationsmitglieder.

8.43 Welche der unten angegebenen Änderungen einer
      Populationsgröße sind unmöglich oder doch un-
      typisch?

      a) Extinktion einer kleinen Population,

      b) exponentielles Wachstum einer Population im
         Rahmen der Kapazität,

      c) beständiges exponentielles Wachstum,

      d) unregelmäßige Schwankungen der Populations-
         größe um die Kapazität,

      e) Schwingungen der Populationsgröße um die Ka-
         pazität,

      f) Extinktion einer Population, die längere Zeit
         bei ihrer Kapazität stabilisiert war.

8.44 Welche unten genannten Einflüsse auf den zeitli-
      chen Verlauf einer Populationsgröße N können in
      einem Versuch der Vorhersage dieses Verlaufes
      nach der Gleichung $dN : dt = rN -(r:K)N^2$ durch
      geeignete Wahl der Konstanten r und K berück-
      sichtigt werden?

      a) Einfluß gleichbleibender Umweltfaktoren auf
         die Mortalität in der Population,

      b) exakt der Einfluß der Populationsdichte auf
         das Nahrungsangebot für die Individuen,

      c) angenähert der Einfluß der Populationsdichte
         auf das Nahrungsangebot, bei N kleiner als K;

      d) angenähert der etwaige Einfluß von Territori-
         alverhalten seitens der Populationsmitglieder,

      e) größere klimatische Schwankungen,

      f) Schicksale einzelner Individuen bei größeren
         Populationen,

      g) Schicksale einzelner Individuen in sehr klei-
         nen Populationen,

      h) das Auftreten von Totzeiten im Wirkungsgefü-
         ge von Mortalität und Natalität.

8.45 An der Verbreitungsgrenze einer Spezies ist all-
      gemein damit zu rechnen, daß

      a) die Populationsdichte durch das Nahrungsan-
         gebot begrenzt wird,

      b) die Mortalität mit der Natalität der Teilpo-
         pulation am Standort im Gleichgewicht steht,

      c) die Mehrzahl der Individuen nicht mehr fort-
         pflanzungsfähig sind,

d) Kolonisation und Extinktion miteinander im
   Gleichgewicht stehen.

8.46 Welche Wanderungen bei den im folgenden genann-
     ten Tieren dienen dem Aufsuchen bestimmter Brut-
     gebiete?

a) Aale,

b) Lachse,

c) Lemminge,

d) Schwalben,

e) Heuschrecken.

8.47 Folgende Beziehungen bestehen zwischen den Be-
     reichen des physiologischen und des ökologischen
     Optimums bezüglich der Standortsamplitude der
     Pflanzen:

a) der Bereich des physiologischen Optimums ist
   in der Regel gegenüber dem des ökologischen
   Optimums eingeengt,

b) das ökologische Optimum ist gegenüber dem physiologischen Optimum immer in Richtung auf
   günstigere Standortsbedingungen hin verschoben,

c) das ökologische Optimum kennzeichnet das Verhalten der Pflanzen unter Einbeziehung des
   Konkurrenzfaktors,

d) es kann vorkommen, daß das physiologische Optimum einer Pflanze im Bereich mittlerer Bo-
   denfeuchtigkeit liegt, während das ökologische
   Optimum in den Bereich starker Bodentrocken-
   heit hinein verschoben ist.

8.48 Koexistenz zwischen nahe verwandten Arten im
     gleichen Verbreitungsgebiet setzt voraus:

a) Ein für das Areal ungewöhnlich großes Nahrungsangebot,

b) höhere Fruchtbarkeit der Art mit der kleineren Individuenzahl,

c) überwiegen der innerartlichen Konkurrenz im
   Vergleich zur zwischenartlichen.

8.49 <u>Als symbiotisch zu betrachten sind die Beziehungen zwischen:</u>

    a) Bienen und Blütenpflanzen,

    b) Leguminosen und Rhizobakterien,

    c) Termiten und in deren Darm vorkommenden Fla-
gellaten,

    d) Menschen und Läusen,

    e) Löwen und Zebras,

    f) Gnus und Zebras.

8.50 <u>Ist der Übergang einer Art zum Endoparasitismus
im allgemeinen mit größeren morphologischen Veränderungen verbunden als ein solcher zum Ekto-
parasitismus?</u>

8.51 <u>Ergibt sich die langfristige Koexistenz von Räu-
ber- und Beute-Populationen als Folge ihres Wir-
kungskreises mit negativer Rückkopplung?</u>

8.52 <u>Bei welcher der folgenden Beute-Populationen</u>

    a) Kugelmuschel Pisidium,

    b) Rädertierchen Brachionus calyciflorus,

    c) Opuntien,

    d) Feldmäusen

<u>sind folgende Mechanismen für das Überleben der
Art wichtig:</u>

    e) jahreszeitliche Verschonung durch den Räuber,
der auf andere Beute ausweicht,

    f) Induktion von Stachelbewehrung durch die An-
wesenheit des Räubers,

    g) laufend erfolgreiche Neugründung von anfangs
Räuber-freien Kolonien,

    h) Wurzel und Sproß überleben das Abweiden der
Blätter.

8.53 <u>Würde die Biomasse einer bestimmten Pflanzen-
Population in einem Ökosystem auf lange Sicht
immer zunehmen, wenn ihre Weidetiere ausgeschal-
tet werden?</u>

8.54 <u>Das Gefüge der Population von Produzenten und
Konsumenten verschiedener Stufen wird in seinem
Bestand stabilisiert vornehmlich</u>

    a) durch kurze Generationszeit der Produzenten,

    b) durch Ausbildung vielstufiger Nahrungsketten,

    c) durch Wechselwirkungen einzelner Nahrungsket-
       ten im Sinne alternativer Nahrungsquellen,

    d) durch das Vorhandensein von Nahrungsspezia-
       listen.

8.55 Als gute Beispiele dafür, daß ein Ökosystem i.a.
umso weniger störanfällig ist, je komplexer (ar-
tenreicher) es ist, sind anzusehen

    a) kanadische Fichtenwälder,

    b) tropische Regenwälder.

8.56 Die Benennung von typischen Pflanzengesellschaften (Assoziationen) orientiert sich in erster
Linie an

    a) den geographischen Regionen, in denen diese
       hauptsächlich vorkommen,

    b) der chemischen Bodenbeschaffenheit,

    c) der Vegetationsdichte,

    d) den langlebigsten, ihr angehörenden Arten,

    e) der Gesamtheit der angetroffenen Arten,

    f) wenigen für die Unterscheidung besonders zu-
       verlässigen Arten,

    g) der nach Individuenzahl vorherrschenden Art.

8.57 Die Diversität als Maß der Artenmannigfaltigkeit
eines Ökosystems hängt allein ab von der

    a) Gesamtzahl der vorhandenen Arten,

    b) Häufigkeitsverteilung der vorhandenen Arten,

    c) Verteilung der vorhandenen Arten auf größere
       systematische Kategorien.

8.58 Zwischen der Diversität der Vegetation in ameri-
kanischen Wäldern und derjenigen der in ihnen
auftretenden Vogelpopulationen wurde

    a) eine positive,

    b) eine negative,

    c) keine

Korrelation gefunden.

8.59 **Typisch für geschlossene Ökosysteme sind Kreisläufe:**

a) Der Energie,

b) des Stickstoffs,

c) des Sauerstoffs,

d) mineralischer Elemente,

e) der Artenmannigfaltigkeit.

8.60 **Die Halbwertszeit des O_2-Vorrates der Atmosphäre
wird bei der derzeitigen Kreislaufgeschwindig-
keit auf**

a) 2 Jahre,

b) 70 Jahre,

c) 5000 Jahre,

d) 150 000 Jahre,

e) 20 Millionen Jahre

geschätzt.

8.61 **Denitrifikation in Böden wird begünstigt durch**

a) anaerobe Bedingungen,

b) Knappheit der organischen Substanz,

c) Fehlen von Nitrat.

8.62 **Torfbildung ergibt sich nur bei**

a) anaeroben Bedingungen,

b) vollständiger Mineralisation aller anfallenden Pflanzenreste.

8.63 **Das jahresdurchschnittliche Bruttoprimärprodukt
beträgt in g Trockengewicht/m^2/Tag**

a) bis 0,5,

b) bis 3,

c) bis 10,

d) über 10;

e) in Wüsten,

f) in Grasland,

g) in flachem See,

h) in tiefem See,

i) in feuchten Wäldern,

j) im Ozean,

k) im Ozean über dem Kontinentalschelf,

l) bei intensivem Ackerbau,

m) in Gezeitenzonen,

n) in durchschnittlichen Ackerbaugebieten.

8.64 <u>Die ökologische Effizienz von Trophieebenen</u>

    a) nimmt systematisch mit der Höhe der Trophie-
ebene ab,

    b) unterliegt kaum großer Variation,

    c) beträgt durchschnittlich 10%,

    d) wird durch das Verhältnis der Biomasse in auf-
einanderfolgenden Trophieebenen gemessen,

    e) wird durch das Verhältnis der Individuenzahlen
in aufeinanderfolgenden Trophieebenen gemessen.

8.65 <u>Der derzeitige von Menschen verursachte Energie-
verbrauch entspricht etwa</u>

    a) 1 %,

    b) 10 %,

    c) 100 %,

    d) 1000 %

<u>des Energieflusses, der global den Herbivoren
zur Verfügung steht.</u>

8.66 <u>Bei ökologischen Sukzessionen findet man i.a.</u>

    a) zahlreichere verschiedene Typen von Ökosyste-
men in frühen Stadien,

    b) größere Artenmannigfaltigkeit in späteren
Stadien,

    c) geringere Veränderungsgeschwindigkeit in spä-
teren Stadien,

    d) Kolonisation zur Etablierung eines ersten
Stadiums,

    e) die Ablösung früherer Stadien regelmäßig auch
ohne drastische Umweltveränderungen,

    f) Zerstörung der Klimaxgesellschaft nur durch
drastische Ereignisse (Einzelereignisse) bzw.
Umweltveränderungen.

8.67 <u>In der Spät- und Nacheiszeit traten in Mitteleuropa folgende Baumarten in zeitlicher Reihenfolge hintereinander in der Waldvegetation dominierend auf:</u>

a) Eichenmischwaldarten,

b) Birke und Kiefer,

c) Rotbuche,

d) Hasel.

9. Biogeographie

9.1 Ist die Angabe eines bestimmten Gebietes, ihres
Areals, als Beschreibung ihres geographischen
Vorkommens für jede Tier- und Pflanzenart geeig-
net?

9.2 Auf dem Lande sind

a) mehr verschiedene Tierstämme,

b) mehr verschiedene Tierarten

vertreten als im Meer.

9.3 Florenreiche

a) decken sich in ihrer Ausdehnung weitgehend mit
tiergeographischen Regionen,

b) lassen sich in der Abgrenzung aus den herr-
schenden ökologischen Bedingungen erklären,

c) stellen in ihrem Artenbestand relativ einheitliche Großräume dar.

9.4 Während des Mesozoikums und z.T. im Tertiär

a) waren die Nordkontinente von den Südkontinen-
ten durch das Thetis-Meer getrennt,

b) bedeckten die Ozeane bereits getrennt voneinander im wesentlichen dieselben Areale, die
sie heute innehaben.

9.5 In der heutigen Fauna Südamerikas sind insbesondere vertreten

a) endemisch entstandene Beuteltiere,

b) endemisch entstandene Raubkatzen,

c) Neuweltaffen (Platyrrhina),

d) endemische meerschweinchenartige Tiere (Cavio-
morpha),

e) endemisch entstandene Lamas,

f) Lamas als eingewanderte Tiere,

g) endemisch entstandene Tapire,

h) Tapire als eingewanderte Tiere,

i) eingewanderte Hirsche.

9.6 <u>Welche der folgenden Tiergruppen sind</u>

a) afrikanischen,

b) orientalisch-indischen

<u>Ursprungs?</u>

c) Giraffen,

d) Büffel,

e) Antilopen,

f) Großkatzen,

g) Zebras,

h) Strauße.

9.7 <u>Zur Erklärung müssen die Kontinentverschiebungen</u>
<u>seit dem Karbon herangezogen werden für</u>

a) das Vorkommen der Südbuche (Nothofagus) in Südamerika und auf Neuseeland,

b) das Vorkommen der Proteaceae sowohl in Australien wie in Südamerika,

c) das Vorkommen von Laufkäfern aus der Familie
der Migadopidae im südlichen Südamerika wie
auch in Australien, Tasmanien, Neuseeland und
auf den Auckland-Inseln,

d) das Vorkommen der Tapire in Südamerika und In-
dien,

e) die Wanderung von Seeschildkröten (Chelonia
mydas) von Brasilien zur Insel Ascension.

9.8 <u>Zur rezenten endemischen Flora bzw. Fauna Mada-</u>
<u>gaskars gehören</u>

a) 35% der dort gefundenen Pflanzenarten,

b) 85% der dort gefundenen Pflanzenarten,

c) Borstenigel (Centetidae),

d) Halbaffen (Lemuroideae),

e) Ozelots,

f) Madagaskar-Strauße (Aepyornithidae),

g) Kiwis (Apterygidae).

9.9 <u>Welche der folgenden Regionen sind ausschließlich</u>
<u>nach geobotanischen Gesichtspunkten abzugrenzen?</u>

a) Holarktis,

b) Paläotropis,

c) Äthiopis,

d) Capensis,

e) Orientalis,
f) Neogaea,
g) Australis,
h) Antarktis.

9.10 <u>Ordne den verschiedenen Regionen für sie charak-
     teristische Tiere bzw. Pflanzen zu:</u>

  a) Holarktis

  b) Paläotropis,

  c) Äthiopis,

  d) Orientalis,

  e) Neogaea (Neotropis),

  f) Australis,

  g) Antarktis;

  h) Paradiesvögel,

  i) Kolibris (Trochilidae),

  j) Euphorbiaceae,

  k) Weiden und Pappeln (Salicaceae),

  l) Eucalyptus,

  m) Erdferkel (Tubulidentata),

  n) Chinchillas,

  o) Buchen (Fagaceae),

  p) Moraceae,

  q) Meerkatzen,

  r) Biber (Castoridae),

  s) Wühlmäuse (Microtinae),

  t) Spitzhörnchen (Tupaiidae),

  u) Ameisenbären,

  v) Kloakentiere (Monotremata),

  w) Hyänen,

  x) Alken (Alcidae),

  y) Elefanten,

  z) Gibbons (Hylobatidae),

hh) Cactaceae,

ii) Pinguine,

jj) Maulwürfe (Talpidae),

kk) Nothofagus,

ll) Giraffen,

mm) Bromeliaceae,

nn) Hechte (Esocidae),

oo) Pfauen (Pavonidae).

9.11 <u>In den marinen Lebensbereichen findet sich die differenzierteste geographische Gliederung im</u>

    a) Litoral,

    b) Pelagial,

    c) Abyssal.

9.12 <u>Ist eine weite geographische Verbreitung in den Ozeanen für die einzelnen Tiefseearten typisch?</u>

9.13 <u>Phytoplankton</u>

    a) ist vorzugsweise auf dem Grund flacher Meere zu finden,

    b) besteht überwiegend aus Braunalgen,

    c) besteht aus Individuen ohne bedeutende aktive Fortbewegung,

    d) befindet sich vorwiegend im Pelagial,

    e) enthält einen bedeutenden Anteil an Diatomeen;

<u>bewirkt eine jährliche Gesamtproduktion in den Ozeanen (photosynthetisch assimilierter Kohlenstoff) von mehr als</u>

    f) 10^8 t,

    g) 10^9 t,

    h) 10^{10} t.

9.14 <u>Ist das Vorkommen von Zwergbirken in Nordeuropa einerseits, im Alpenraum andererseits auf konvergente Entwicklungen zurückzuführen?</u>

9.15 <u>Die Artenarmut der Fauna Englands im Vergleich zu der des europäischen Kontinents ist bedingt dadurch, daß</u>

    a) während der Zeit, in der sich die Artenmannigfaltigkeit auf dem Kontinent herausbildete, in dem kleineren Areal der britischen Inseln nur eine langsamere Evolution möglich war,

    b) durch die Eiszeit in England wesentlich mehr Arten ausstarben als in gleichen Breiten auf dem Kontinent,

    c) die Neuzuwanderung von Arten im Quartär auf große Hindernisse stieß,

    d) die kleineren Populationen auf dem kleineren Areal mehr der Gefahr der Extinktion ausgesetzt waren.

9.16 <u>Die Zahl der</u>

    a) nach Neuseeland vom Menschen eingeführten
       Säugetierarten,

    b) in Neuseeland heimischen Fledermausarten,

    c) in Neuseeland heimischen Nagetierarten,

    d) in Neuseeland heimischen Schleichkatzen,

    e) der übrigen in Neuseeland heimischen Säuge-
       tierarten

<u>beträgt:</u>

    f) 0,

    g) 2,

    h) 12,

    i) 34,

    j) 110,

    k) etwa 3500.

9.17 <u>Ist die Tatsache, daß eine Tierart oder Pflanzenart sich über eine bestimmte Region hinaus
nicht verbreitet stets dadurch begründet, daß
dem entweder eine geographische Schranke gegen-
übersteht oder die klimatischen Faktoren der Art
außerhalb der Region nicht mehr zuträglich sind?</u>

9.18 <u>Welche der nachfolgend angeführten, stellenweise
auch in Mitteleuropa vorkommenden Tierarten sind</u>

    a) mediterranen,

    b) atlantischen,

    c) borealen,

    d) pontischen

<u>Ursprungs?</u>

    e) Wasserfrosch (Rana esculenta),

    f) Mauereidechse (Lacerta muralis),

    g) Dreizehenspecht (Picoides tridactylus),

    h) Reh (Capreolus capreolus),

    i) Hamster (Cricetus cricetus),

    j) Waldlaubsänger (Phylloscopus sibilatrix),

    k) Berglaubsänger (Phylloscopus bonelli),

    l) Grünspecht (Picus viridis),

    m) Zauneidechse (Lacerta agilis),

    n) Tannenhäher (Nucifraga caryocatactes),

    o) Äskulapnatter (Elaphe longissima).

9.19 <u>Welche der nachfolgend angeführten, stellenweise
auch in Mitteleuropa vorkommenden Pflanzenarten
sind</u>

a) mediterranen,

b) atlantischen,

c) borealen,

d) pontischen

<u>Ursprungs?</u>

e) Adonis vernalis,

f) Equisetum sylvaticum,

g) Fagus sylvatica,

h) Iris germanica,

i) Erica tetralix,

j) Atropa belladonna,

k) Castanea sativa,

l) Quercus petraea,

m) Genista anglica,

n) Arnica montana.

9.20 <u>Die Einteilung nach biogeographischen Regionen</u>

a) ist der zonalen Einteilung übergeordnet,

b) ist der zonalen Einteilung untergeordnet,

c) verläuft häufig entlang der gleichen geographischen Trennungslinie wie die zonale Einteilung,

d) ist eine ökologische Klassifikation,

e) fußt auf historischen Gegebenheiten,

f) berücksichtigt die Analyse von Flora und
Fauna nach Gesichtspunkten der Systematik.

10. Evolution

10.1 <u>Grundaussagen der von Darwin begründeten Evolutionstheorie sind, daß</u>

    a) rezente Spezies historisch aus davon (morphologisch etc.) verschiedenen Spezies hervorgegangen sind,

    b) sich verschiedene rezente Arten in diesem Sinne durch divergente Entwicklung aus gleichartigen Vorfahren ableiten,

    c) die Individuen einer Population jeweils in bestimmten Merkmalen voneinander verschieden sind und dies z.T. auf unterschiedlichen Erbkonstellationen beruht,

    d) eine Selektion stattfindet in dem Sinne, daß Träger bestimmter Merkmale eine mehr als durchschnittliche Chance haben, in gegebenen Situationen zu überleben und eine überdurchschnittliche Zahl von Nachkommen zu erzeugen,

    e) durch individuelle Anpassung der einzelnen Individuen zustande gekommene Merkmale erblich auf ihre Nachkommen übergehen.

10.2 <u>Für den Begriff der Homologie von Organen verschiedener Organismen ist maßgeblich</u>

    a) ein hohes Maß an morphologischer Ähnlichkeit,

    b) gemeinsame phylogenetische Herkunft,

    c) vergleichbare Funktion.

10.3 <u>Als Kriterien für die Homologie von Organen verschiedener Organismen können dienen</u>

    a) übereinstimmende Größe derselben,

    b) übereinstimmende Lagebeziehungen zu einander entsprechenden anderen Teilen der Organismen,

    c) gleiches Schema des Aufbaues aus erkennbaren Untereinheiten,

    d) ontogenetische Ähnlichkeit,

    e) Vorhandensein fossiler Zwischenformen.

10.4 <u>Seriale Homologie ist festzustellen</u>

    a) jeweils nur zwischen Strukturen desselben Individuums,

    b) jeweils nur zwischen Strukturen verschiedener Individuen derselben Art,

    c) nur zwischen Individuen in auf- oder absteigender Fortpflanzungsgeneration,

    d) bei Federn,

    e) bei Wirbeln,

    f) bei Blättern.

10.5 <u>Als ausreichendes Kriterium für die Homologie bestimmter Proteine in verschiedenen Organismen kann angesehen werden:</u>

    a) Weitgehende Übereinstimmung in ihrer enzymatischen Funktion,

    b) exakte Übereinstimmung in der Zahl der in ihnen enthaltenen Aminosäuren,

    c) Übereinstimmung in der N-terminalen Aminosäure,

    d) enge serologische Verwandtschaft,

    e) durchgehende Ähnlichkeiten in der Aminosäuresequenz.

10.6 <u>Der Prozentsatz der Hybridisierung zwischen der DNA zweier Spezies</u>

    a) gibt ein Maß für den Unterschied in den Genomgrößen,

    b) gibt einen Hinweis auf Homologien makromolekularer Strukturen,

    c) ist ein quantitatives Maß für die Verwandtschaft der beiden Spezies,

    d) liegt zwischen Mensch und Schimpansen bei 80%.

10.7 <u>Homologien lassen sich auch feststellen bei</u>

    a) Verhaltensweisen von Tieren,

    b) Zellorganellen,

    c) Besetzung ökologischer Nischen,

    d) enzymatischen Reaktionsketten,

    e) Karyotypen.

10.8   Ordne den genannten Organismen die jeweils rudimentären Organe zu:

a) Bartenwale,

b) Homo,

c) Laufkäfer (Carabidae);

d) alle Extremitäten,

f) Becken,

g) Schwanzwirbelsäule,

h) Flügel,

i) Muskulatur der Ohrmuscheln,

j) Appendix.

10.9   Besitzen heutige Vögel noch Zahnrudimente?

10.10   Hat das Becken der Bartenwale für diese Tiere noch funktionelle Bedeutung?

10.11   Rudimentäre Verhaltensweisen sind

a) Lagekorrekturreflexe des Luxes mit seinem Stummelschwanz,

b) Flügelbewegungen von Laubheuschreckenweibchen

c) koordinierte Flügelbewegungen beim Strauß,

d) "Gänsehaut" des Menschen.

10.12   Sind Embryonalstadien verwandter Organismen einander in der Regel morphologisch ähnlicher als die adulten Stadien?

10.13   Die Abstammung aller Wirbeltiere von aquatischen Vorfahren wird belegt durch das Auftreten in der Embryonalentwicklung von

a) segmentaler Anlage von Muskeln und Wirbeln,

b) Extremitätenanlagen,

c) Kiemenbogenanlagen.

10.14   Durch ontogenetische Rekapitulation wird die Homologie welcher der folgenden Organe deutlich?

a) Mittelohr (Mensch),

b) Kehlkopf (Mensch),

c) Lunge (Mensch),

d) Kiefergelenk (Mensch),

e) Herz (Mensch),

f) Kiemen (Fisch),

g) Herz (Fisch),

h) Kiefergelenk (Fisch),

i) Gaumen (Fisch),

j) Seitenflosse (Fisch).

10.15 In der Embryonalentwicklung der Vögel treten in gewissen Stadien als Stickstoffausscheidungsprodukte auf

a) Ammoniak,

b) Harnsäure,

c) Harnstoff.

In welcher Reihenfolge?

10.16 Das Hüpfen junger Lerchen weist hin auf ihre Abstammung von

a) Hühnervögeln,

b) Seevögeln,

c) reinen Körnerfressern,

d) baumbewohnenden Vogelarten.

10.17 Bei welchen der folgenden Paare handelt es sich um

a) ursprüngliche Übereinstimmung der Funktion homologer Organe,

b) konvergente Entwicklung aus homologen Organen,

c) konvergente Entwicklung aus nichthomologen Organen?

d) Linsenauge eines Vogels und eines Säugers,

e) Linsenauge eines Cephalopoden und eines Säugers,

f) Stacheln eines Igels und eines Stachelschweines.

10.18 War die Entstehung der C_4-Pflanzen ein einmaliges Ereignis in der Evolution?

10.19 Wie oft (mindestens) haben sich Wiederkäuer unabhängig voneinander in der Evolution entwikkelt?

10.20 <u>Auf welche Zeit werden jeweils die ältesten be-
       kannten Fossilien der nachfolgend genannten Or-
       ganismengruppen datiert?</u>

a) Prokaryoten,

b) Vielzeller,

c) Landtiere,

d) Landpflanzen,

e) Eukaryoten,

f) Säuger,

g) Vögel;

h) über 3 Milliarden Jahre,

i) 1,9 Milliarden Jahre,

j) 1,2 Milliarden Jahre,

k) 900 Millionen Jahre,

l) 350 Millionen Jahre,

m) 250 Millionen Jahre,

n) 180 Millionen Jahre,

o) 150 Millionen Jahre,

p) 80 Millionen Jahre.

10.21 <u>Die Entwicklung des Pferdes im Tertiär ging
       nach den paläontologischen Daten zu schließen
       einher mit</u>

a) laufender Größenzunahme,

b) Übergang von 3- zu 1-zehigen Hufen,

c) Übergang vom Wald- zum Steppenleben,

d) Ausbildung größerer Kronenhöhe und eines
   neuen Faltenmusters der Backenzähne,

<u>jedoch ohne</u>

e) wesentliche Anpassungen des Hirns,

f) Entstehung von Seitenlinien.

10.22 <u>Archaeopterix glich den heutigen Vögeln bereits
       in folgenden Merkmalen:</u>

a) Besitz des Federkleides,

b) zu einem Gabelbein verschmolzene Schlüssel-
   beine,

c) opponierte Großzehe,

d) an Alveolen sitzende Zähne,

e) Rippen ohne Rippenfortsatz,

f) zum Lauf verschmolzene Fußwurzel- und Mit-
telfußknochen,

g) eine Schwanzwirbelsäule aus 20 unverschmol-
zenen Wirbeln,

h) nach hinten gedrehte Schambeine,

f) der mit Krallen versehene Finger an der Vor-
derextremität.

10.23 Zwischen der Organisationshöhe eines Organismus
und der Menge DNA pro Zellkern

a) besteht keine Korrelation,

b) besteht im großen und ganzen eine Korrelation,

c) besteht ein fester Zusammenhang.

10.24 Können Änderungen der Primärstruktur eines Enzyms auch Änderungen seiner enzymatischen Spezifität zur Folge haben?

10.25 Ordne die folgenden Proteine nach der Konser-
vierung ihrer Primärstruktur in der Evolution,
das bestkonservierte zuerst:

a) Fibrinogen,

b) Histon 4,

c) Keratin.

10.26 Wie groß ist die Zahl der Aminosäureaustausche
zwischen dem Cytochrom C des Schimpansen und
dem des Menschen?

10.27 Ordne die folgenden Globinketten in Gruppen
solcher, die auf das gleiche Urgen zurückgeführt werden können:

a) Myoglobin,

b) Hämoglobin: α -Kette,

c) Hämoglobin: β -Kette,

d) Hämoglobin: γ -Kette,

e) Hämoglobin: δ -Kette,

f) Hämoglobin: ε -Kette.

10.28 Kommt ein balancierter Polymorphismus bei Allo-
zymen in Frage?

10.29 <u>Welche Anzahl an Chromosomen ist im haploiden Genom von Säugetieren</u>

a) die geringste bekannte,

b) eine häufig (u.a. beim Menschen) auftretende,

c) die maximal bekannte.

10.30 <u>Können Änderungen in Form und Zahl von Chromosomen zu Isolationsmechanismen führen?</u>

10.31 <u>Können Populationen bezüglich des Karyotyps polymorph sein?</u>

10.32 <u>Die Bändertechnik erlaubt den Chromosomen von Mensch, Gorilla, Schimpanse und Orang etwa</u>

a) 8000,

b) 500,

c) 220,

d) 80

<u>Bänder zu unterscheiden; davon sind homologisierbar</u>

e) 98%,

f) 81%,

g) 70%,

h) 37%.

10.33 <u>Der Locus für Glucose-6-phosphat-Dehydrogenase liegt auf dem X-Chromosom bei folgenden Säugetierarten</u>

a) Mensch,

b) Pferd,

c) Hase,

d) Hausmaus.

10.34 <u>Die vom Menschen bei seinen Haustieren und Nutzpflanzen betriebene Zuchtwahl hat i.a. die Evolution im Vergleich zu Wildformen</u>

a) nur in ihrer Richtung, nicht aber in ihrem Tempo beeinflußt,

b) verlangsamt,

c) beschleunigt.

10.35 <u>Die Erblichkeit eines bestimmten Merkmales in
einer Population ist</u>

    a) eine von den jeweiligen Umweltbedingungen
unabhängige Konstante,

    b) unter gegebenen genetischen Bedingungen um
so geringer, je einfacher die modifizierende
Umwelt der Population ist.

10.36 <u>Welche der folgenden Voraussetzungen werden explizit gemacht bei der Ableitung des Hardy-
Weinberg-Gesetzes (Verhältnis der Häufigkeit
der Genomtypen AA:Aa:aa ergibt sich zu p^2:2pq:q^2
in allen Generationen ab der ersten Tochterge-
neration, wenn die Häufigkeiten bei nur zwei
Allelen sich wie p:q für A bzw. a verhalten)?</u>

    a) Die Population ist groß genug, um statisti-
sche Schwankungen auszugleichen,

    b) Panmixie,

    c) keine Selektion,

    d) keine Mutationen in dem zu A bzw. a gehöri-
gen Gen,

    e) keine Mutationen im gesamten Genom,

    f) kein Wechsel im Genbestand der Population
durch Wanderung,

    g) zeitliche Konstanz von p und q.

10.37 <u>Die sogenannte genetische Drift</u>

    a) führt zur vermehrten Ausbildung homozygoter
Individuen,

    b) ist durch Selektion zu erklären,

    c) ist besonders in kleinen Populationen wirk-
sam,

    d) ändert keine Genhäufigkeiten in der Popula-
tion,

    e) ist ein im Einzelnen nicht vorhersagbares
statistisches Geschehen.

10.38 <u>Daß in der Evolution einer Population für ein</u>
<u>bestimmtes Gen selektiert wird, bedeutet, daß</u>
<u>seine Träger</u>

    a) allgemein langlebiger sind als andere Indi-
       viduen,

    b) in jedem Falle mehr Nachkommen erzeugen,

    c) in innerartlichen Kämpfen sich als die stär-
       keren erweisen,

    d) statistisch gesehen mehr Nachkommen mit ent-
       sprechenden Fortpflanzungschancen erzeugen.

10.39 <u>Wenn die Voraussetzungen des Hardy-Weinberg-Ge-</u>
<u>setzes dahin abgeändert werden, daß das Auftre-</u>
<u>ten von Inzucht berücksichtigt wird, ergibt sich</u>

    a) eine Zunahme der Heterozygoten im Laufe der
       Generationen,

    b) eine Elimination aller Heterozygoten inner-
       halb einer Generation,

    c) eine systematische Verringerung des Anteils
       von Heterozygoten in aufeinanderfolgenden
       Generationen.

10.40 <u>Kann ein durch Selektion benachteiligtes Allel</u>
<u>sich länger in einer Population halten, wenn es</u>
<u>dominant ist?</u>

10.41 <u>Viele etablierte vorteilhafte Allele sind do-</u>
<u>minant; dazu trägt bei, daß</u>

    a) die meisten durch Mutation entstehenden vor-
       teilhaften Allele dominant sind,

    b) die Dominanz als solche zur schnelleren Aus-
       breitung des vorteilhaften Allels führt,

    c) für Modifikationen selektiert wird, die zur
       Dominanz einzelner vorteilhafter Allele
       führt.

10.42 <u>Ist es möglich, daß für ein Gen selektiert</u>
<u>wird, dessen phaenotypische Ausprägung die</u>
<u>Chancen seines Trägers auf Nachkommenschaft</u>
<u>vermindert?</u>

10.43 <u>Ist damit zu rechnen, daß für viele Gene die</u>
<u>Allelverteilungen mehr durch den Mutations- als</u>
<u>den Selektionsdruck bestimmt werden?</u>

10.44 <u>Völlige Homozygotisierung einer Population für
ein bestimmtes Allel kann trotz Selektion dadurch auf die Dauer vermieden werden, daß</u>

    a) der Selektionsdruck sich mit dem Mutations-
       druck ins Gleichgewicht setzt,

    b) sich durch Selektionsvorteile für Heterozy-
       goten ein balancierter Polymorphismus ein-
       stellt,

    c) der homozygote Genotyp seine Selektionsvor-
       teile in Abhängigkeit von der Häufigkeit
       seines Auftretens jenseits einer bestimmten
       Schwelle verliert,

    d) Selektion und genetische Drift zusammenwir-
       ken.

10.45 <u>Genetisch charakterisierten Populationen wird
eine Kenngröße, ihre "genetische Last", zuge-
schrieben mit Hilfe der Formel $L = \Sigma\, f_n\, W_n$. Dabei bedeutet</u>

    a) f_n die Häufigkeiten der einzelnen Gene, W_n
       zugehörige Adaptionswerte,

    b) f_n die Häufigkeiten der einzelnen Genotypen,
       W_n ihren Adaptionswert,

    c) f_n die Häufigkeit aller durch Selektion be-
       nachteiligten homozygoten Genotypen, W_n ih-
       ren Adaptionswert.

10.46 <u>Die Ermittlung von L für eine bestimmte Popula-
tion</u>

    a) ergibt sich zwangsläufig aus der Kenntnis
       der in ihr vertretenen Genotypen,

    b) ist abhängig von Voraussetzungen wie z.B.,
       daß abgesehen von Selektion Hardy-Weinberg-
       Bedingungen angenommen werden,

    c) ist abhängig von der Voraussetzung, daß kei-
       ne Selektion stattfindet.

10.47 <u>Der Wert L der genetischen Last einer Popula-
tion</u>

    a) ist ein Maß für den Schaden, den mutations-
auslösende Umweltbedingungen ihr zugefügt
haben,

    b) nimmt ab bei jeder durch Selektion allein
herbeigeführten Änderung der Häufigkeitsverteilung der Genotypen,

    c) erreicht seinen Maximalwert 1 in allen Fäl-
len von balanciertem Polymorphismus,

    d) nimmt ab bei jeder durch Selektion und gene-
tische Drift gemeinsam herbeigeführten Änderung der Häufigkeitsverteilung der Genotypen.

10.48 <u>In zwei Populationen seien dieselben Genotypen
vertreten. Der Einfluß von Mutationen wie auch
der genetischen Drift auf ihre Entwicklung sei
zu vernachlässigen. Sie seien weiter gleichen
Selektionsbedingungen unterworfen. Läßt sich
daraus folgern, daß sie im Gleichgewicht die
gleiche Häufigkeitsverteilung ihrer Genotypen
erreichen werden?</u>

10.49 <u>Beispiele der Auswirkung einzelner gut charak-
terisierbarer Selektionsfaktoren sind</u>

    a) das Auftreten flugunfähiger Insekten auf
Inseln,

    b) das Auftreten von hell gefärbten Schmetter-
lingen in Industriegebieten,

    c) die Zunahme penicillinresistenter Bakterien,

    d) die Häufung der Sichelzellenanämie in mensch-
lichen Populationen afrikanischen Ursprungs.

10.50 <u>Geographische Isolierung von Populationen einer
Art begünstigt die Herausbildung divergierender
Arten aufgrund folgender Gegebenheiten:</u>

    a) Fortfall des Genflusses zwischen Populatio-
nen,

    b) zufällige Unterschiede der Genhäufigkeiten
in den Teilpopulationen zum Zeitpunkt der
Trennung,

    c) Ansammlung verschiedener Mutanten in beiden
Populationen,

    d) Anstieg der Mutationsrate in kleineren Teil-
populationen,

    e) unterschiedliche Selektionsbedingungen in
den getrennten Populationen.

10.51 <u>Verschiedene Rassen bzw. Unterarten einer Art</u>

    a) haben in der Regel verschiedene geographische Verbreitungsgebiete,

    b) sind zur Bastardisierung nicht mehr fähig,

    c) sind anhand weniger morphologischer Merkmale zu unterscheiden.

10.52 <u>Säugetierrassen in kälteren Klimaten weisen in der Regel</u>

    a) eine gesteigerte Körpergröße,

    b) dichtes Fell,

    c) eine kürzere Generationszeit auf.

10.53 <u>Silbermöven und Heringsmöven werden trotz sehr naher phylogenetischer Verwandtschaft als unterschiedliche Arten betrachtet, weil</u>

    a) beide im gleichen Verbreitungsgebiet unvermischt nebeneinander existieren,

    b) sie sich durch die Musterung ihres Gefieders auffällig unterscheiden,

    c) es zwischen beiden an einem kontinuierlichen Verbreitungsgebiet jeweils miteinander bastardierender Mövenrassen fehlt.

10.54 <u>Die Isolation folgender Speziespaare</u>

    a) Pferd – Esel,

    b) verschiedene sympatrisch lebende Termiten,

    c) Heringsmöve – Silbermöve,

    d) roter Holunder – schwarzer Holunder

    <u>wird jeweils bedingt durch folgende Mechanismen:</u>

    e) unterschiedliche jahreszeitliche Fortpflanzungsart,

    f) mangelndes gegenseitiges Passen der Kopulationsorgane,

    g) mangelnde gegenseitige Abstimmung des Paarungsverhaltens.

10.55 <u>Sind Isolationsmechanismen zwischen artverwandten tierischen Populationen im allgemeinen wirksamer als solche zwischen entsprechenden pflanzlichen?</u>

10.56 <u>Artbildung durch Polyploidisierung bzw. Bastar-
dierung und anschließende Polyploidisierung</u>

  a) setzt ebenfalls geographische Isolierung der
     neu entstehenden Art von der Ursprungspopu-
     lation voraus,

  b) schafft bereits bei den ersten polyploiden
     bzw. allopolyploiden Individuen die notwen-
     dige Isolierung,

  c) tritt fast ausschließlich bei Pflanzen auf.

10.57 <u>Als Gründe für den erkennbaren Selektionsvor-
teil vieler polyploider Pflanzen werden disku-
tiert:</u>

  a) Anpassungsvorteile aufgrund einer reicheren
     Ausstattung mit Isoenzymen,

  b) Erleichterung der Mitose,

  c) Unempfindlichkeit gegen den Verlust einzel-
     ner Chromosomen,

  d) höhere Mutationsrate.

10.58 <u>Bei parthenogenetischen Tierarten findet sich,
verglichen mit sexuellen</u>

  a) stets Polyploidie,

  b) eine Erleichterung des Auftretens von Poly-
     ploidie,

  c) eine Erschwerung des Auftretens von Poly-
     ploidie,

  d) kein Einfluß auf den Ploidiegrad.

10.59 <u>Unter "adaptiver Radiation" versteht man die
Erklärung des Entstehens größerer evolutionärer
Unterschiede (neuer Typen) unter Berufung auf</u>

  a) das Auftreten von Großmutationen,

  b) eine wesentliche Erhöhung der Mutationsrate,

  c) gerichtete Mutationen,

  d) die besonderen Auswirkungen des Selektions-
     druckes in ökologischen Zonen ohne etablier-
     te Konkurrenten.

10.60 <u>Dauergattungen, d.h. über lange evolutionäre
Zeiträume wenig veränderte Arten, finden sich
vorzugsweise</u>

  a) in Gebieten mit wechselhaften Umweltbedin-
     gungen,

  b) in der Tiefsee,

    c) auf Inseln,

    d) am Rand der Polarzonen.

10.61 Welche der folgenden sind als Dauergattungen anzusprechen?

    a) Der Cephalopode Nautilus,

    b) der gymnosperme Gingkobaum,

    c) die Brückenechse Sphenodon punctatus,

    d) die Geospizinae (Darwinfinken),

    e) Limulus,

    g) Triticum durum.

10.62 Zum Aussterben einer Spezies können führen

    a) bei kleinen Populationen umweltunabhängige genetische Prozesse wie Inzucht und Drift,

    b) bei großen Populationen umweltunabhängige genetische Prozesse wie Inzucht und Drift,

    c) die Herausbildung auffälliger körperlicher Merkmale wie Riesengeweihe oder Säbelzähne,

    d) Klimaveränderungen,

    e) das Auftreten neuer Räuber,

    f) das Auftreten neuer Konkurrenten.

11. Systematik

11.1 Ein "künstliches" und ein "natürliches" System
der Organismen sind dadurch charakterisiert,
daß einerseits das natürliche System

    a) morphologisch ähnliche Formen zusammenfaßt,

    b) die Organismen nach ihrer Stammes-Verwandt-
schaft gruppiert,

    c) eine Ordnung anstrebt, die ein möglichst
leichtes Identifizieren der Taxa erlaubt;

andererseits das künstliche System

    d) die Organismen ohne Rücksicht auf natürliche
Verwandtschaft nur nach morphologischen Ähnlichkeiten gruppiert,

    e) eine Ordnung anstrebt, die ein möglichst
leichtes Identifizieren der Taxa erlaubt,

    f) eine möglichst kunstvolle Gliederung der Or-
ganismenfülle anstrebt.

11.2 Die Artenzahl der Pilze ist

    a) höher als die der Algen,

    b) niederer als die der Algen,

    c) höher als die der Prokaryoten,

    d) niederer als die der Angiospermen.

11.3 Die Artenzahl der Mollusken ist

    a) größer als die aller Chordata,

    b) kleiner als die der Arthropoden,

    c) kleiner als die der Protozoen,

    d) kleiner als die der Anneliden.

11.4 Archebakterien

    a) besitzen tRNA und rRNA anderen Typs als Eu-
bakterien,

    b) besitzen keine Zellwand aus Peptidoglycan,

    c) enthalten vermehrt Ätherlipide,

    d) weisen morphologisch nur die Spirillenform
auf,

e) enthalten anaerobe Vertreter,

f) enthalten aerobe Vertreter,

g) enthalten photosynthetisch aktive Vertreter,

h) enthalten thermophile Vertreter,

i) enthalten acidophile Vertreter.

11.5 <u>Sind Cyanophyten (Blaugrüne Algen) die ursprünglichsten Eukaryoten?</u>

11.6 <u>Unter Heterobathmie versteht man</u>

    a) die Kombination von ursprünglichen mit abgeleiteten Merkmalen in einer systematischen Kategorie,

    b) die verschieden weite oder enge Fassung eines Taxons durch verschiedene Autoren,

    c) das verschieden weite, lückenlose Zurückreichen einer Verwandtschaftsgruppe im natürlichen System.

11.7 <u>Als abgeleitete Merkmale eines Organismus bezeichnen wir solche, die</u>

    a) nicht direkt erschlossen, sondern nur indirekt ermittelt werden können,

    b) kompliziert sind und daher nur mit größerem Aufwand erhalten werden können,

    c) in der Stammesgeschichte spät aufgetreten sind,

    d) schon in einer "primitiveren" Organisationsstufe vorhanden sind oder waren und von hier aus abgeleitet werden können.

Antworten

<u>1. CYTOLOGIE</u>

Frage	Antwort		Frage	Antwort
1	c.		32	e-d;f-b;f-c;h-c; i-a.
2	I-e,h,i;II-a,b,f.		33	c.
3	h-b,c,d,e;i-c;j-d, e;k-f,g.		34	ca. 16,3 : 1.
4	a,c,d,h.		35	a,c,h.
5	a,b,c,e,f,g,j,k.		36	DNA: d,e,g. RNA: a,h.
6	c,d.		37	a,b,d,e,f.
7	b,c.		38	b.
8	b.		39	I-a,b,c,e;II-d.
9	a,b,g,h.		40	b,f,h.
10	a.		41	a,c.
11	a,d,e,f,g.		42	d,g.
12	a,c.		43	c;k,l,n,p.
13	a.		44	a,b,c,d,e,f.
14	a.		45	Nein
15	a,b,f.		46	a-d-c-b.
16	b,d,e,g.		47	a.
17	a,d.		48	a-g,h,n,q;b-h,i,l, n,r;c-j,p;d-f,h,k, m,n,s;e-o,t.
18	a,b,c,e,f.		49	d,e,g.
19	a,d,e.		50	h-b-a-i-f-d-e-c-g.
20	e.		51	a,b,c,d.
21	b,c,d;b-c-d.		52	a,c,e.
22	b,d,f,g,i,j,k.		53	b,d,g.
23	a,e,i.		54	b.
24	a,e.		55	I-d;II-e.
25	a,b,d,g,h.		56	a-o,b-k,c-h,d-h, e-h,f-i,g-m.
26	a,e.		57	a,b,c,e.
27	a,e.		58	Nein.
28	b,f.		59	b.
29	a,c,e,f,h.			
30	a,b,e,f.			
31	d.			

60	d-c-a-b.		95	d.
61	a-e-f-h-g-c-d-b.		96	a,c,d,g,i,j.
62	c.		97	c,e.
63	a,d.		98	a,b,d.
64	Nein.		99	b.
65	Ja.		100	c,d.
66	d.		101	c,e,f,h.
67	b,c.		102	b.
68	a,d,e,f.		103	a,b,c,d,e.
69	b,c,f.		104	m-f-a-g-h-i-b-c-d-e-k-j-l.
70	b,d.		105	a,b,c,e.
71	c.		106	b,d,f,i.
72	Ja.		107	c,d,e.
73	a,b.		108	Nein.
74	Ja.		109	–
75	c.		110	c-d-a-b.
76	d.		111	a,b,c.
77	d.		112	a,b,d.
78	e.		113	d,e.
79	d.		114	b,c,d.
80	a,b,c,d.		115	d.
81	a,d.		116	b.
82	a,d.		117	I-a,d,e;II-.
83	c.		118	b,c,d.
84	d,e.		119	c,e.
85	Nein.		120	c,d,f.
86	–		121	b.
87	c.		122	c.
88	a,b.		123	a,b,g,h.
89	b,c,d.		124	b.
90	a-e,b-h.		125	a,c,d.
91	a,b,c.		126	c,d.
92	c.		127	a.
93	b.		128	c.
94	a,b,e,f,h.		129	a,c,d,g.

130	8		166	b,c,d,e.
131	c.		167	a,c,f,h,i.
132	c,e.		168	b.
133	c,d,e.		169	b,d,e.
134	c.		170	a,b,d.
135	b.		171	a,c.
136	b,c,d,e,f,g.		172	a.
137	c,d.		173	d.
138	e.		174	I-a,d,h;II-b,e,g; III-k;IV-c,f,i,j.
139	c,d,f.			
140	c.		175	f.
141	b,d,f.		176	d,e.
142	b,d,f,i.		177	a,c,g,i,j.
143	a,c,d,e.		178	a,c,e.
144	a,b,c,d,f.		179	a,b,c,g.
145	b,d,i,j.		180	b,d.
146	d.		181	a-g,b-i,d-h,e-k.
147	e.		182	I-a,b,f;II-c,d,e.
148	b,d,e.		183	a-g,b-h,c-g,d-h.
149	b,c,d.		184	c
150	c,d.		185	I-a,b,d,i,j;II-c,e, f,g,h,k,l.
151	a-g,b-h,c-h,d-k, e-k.		186	a,b,c,e,f.
152	a,d,e.		187	b,e,f.
153	c,d,e.		188	c.
154	b,c,d,e.		189	b,e,f.
155	c,e.		190	b.
156	-		191	b,c,f.
157	c,d.		192	a,b,d.
158	a,d,e.		193	a,d,f.
159	Ja.		194	a,e,i.
160	a,c,d,f.		195	I-c,i;II-a,b,d,e,f.
161	Ja.		196	I-a,k;II-c,d,e,f,g, h,j.
162	a,b,c,e,f.		197	e.
163	a,b.		198	b,d,e.
164	b,d.		199	c,d.
165	d.			

200	b,d,e.	31	b,d,e.
202	a-e-d-b-c-g-f.	32	a,b.
203	c,e,f,g.	33	Nein.
204	a,c,e,f.	34	a,b.
		35	c.
		36	b.

2. GENETIK

1	d.	37	d.
2	c.	38	a,b.
3	c.	39	c-a-f-b.
4	Ja.	40	b,c,e.
5	Ja.	41	b,c.
6	d.	42	b:e.
7	e.	43	b.
8	b.	44	a,b,c,d.
9	d.	45	a,b,c,e.
10	a,d,e,f.	46	a,b,d,f.
11	b,c,e.	47	d-c-e-a-b.
12	a,b.	48	c.
13	b.	49	b,c,d.
14	a,d,f.	50	c.
15	a,b.	51	c,d.
16	c,d;e,h.	52	c.
17	b,c.	53	b,c,d,e,f.
18	b,d.	54	c,d.
19	a,c,d.	55	c.
20	c,e,f,g.	56	b,c,d,e.
21	c.	57	b,c.
22	c.	58	a,c,e,f,g,h.
23	b.	59	b.
24	b,e.	60	b,d.
25	c,d,e.	61	b,d.
26	a,b,d,e,f.	62	Nein.
27	a,c.	63	b,c,d,e.
28	c.		
29	b.		
30	b,c,e.		

<u>3. FORTPFLANZUNG UND
SEXUALITÄT</u>

1	a,c,d.	34	c.
2	a,b,c.	35	a.
3	a,c,d,f.	36	c.
4	a,	37	c.
5	a,d,e,h.	38	a.
6	c.	39	b.
7	b.	40	c.
8	b.	41	a.
9	c.	42	b.
10	Ja.	43	a.
11	a,d.	44	d.
12	Nein.	45	a-h,b-g,c-i,d-f, e-f.
13	c.	46	g.
14	a-g;b-f;c-h;j;d-k.	47	f.
15	b,c,e.	48	a,b.
16	a,c,d.	49	d.
17	d.	50	a.
18	b.	51	c.
19	a-g,i.k;b-h,j,k; c-h,j,l;d-h,i,l; e-h,i,k;f-h,i,l.	52	c,e.
		53	b,c,f.
		54	a-i,b-g,c-f,d-h.
20	c,d.	55	b.
21	-	56	b,f,g,h.
22	Nein	57	a.
23	a-g,b-f,c-e,d-f.	58	a,b,c.
24	Ja.	59	b,c.
25	a.	60	a,b,c,d.
26	a.	61	a.
27	c.	62	a-f,b-f,c-e,d-e,h.
28	a.	63	e.
29	c.	64	a,c,e.
30	d.	65	Nein.
31	b.	66	d.
32	d.	67	a-g,b-f,c-j,d-i, e-h.
33	a.	68	a,d,g,h,i,j.

69	a.	13	d-a,e,f,i;g-h;b-c.
70	b.	14	Nein.
71	c.	15	Nein.
72	a-e,b-g,c-d.	16	c.
73	b,c.	17	b.
74	d.	18	a,b,c.
75	a,b,d.	19	c,d,e.
76	a-d;b-d;c-d,e.	20	Ja.
77	a-d,b-c.	21	a,b,c.
78	a-2,b-1,c-2.	22	Nein.
79	a-d,e,i,l;b-c,f,h,j.	23	Nein.
		24	b,d.
80	a.	25	Ja.
81	a-c,e;b-e,f.	26	b.
82	b.	27	Ja.
83	d.	28	Nein.
84	a,c.	29	a.
85	a,c.	30	b.
86	a,d,e.	31	a,c,d,f.
87	–	32	b,c,d.
88	a-d,b-e,c-e.	33	Nein.
89	b,g,i,j.	34	d.
90	a,b,d,e,f.	35	a,b,c,d.
		36	c,d,f,h.

4. ENTWICKLUNG

1	c,e.	37	–
2	b.	38	b,c,d,e.
3	b.	39	Ja.
4	a,c.	40	c.
5	a.	41	b.
6	a.	42	b.
7	b.	43	c.
8	a,b.	44	c.
9	b.	45	d.
10	b,c,e,f.	46	e.
11	c.	47	b,c,d,e.
12	Nein.	48	a,d,e,f,g.

49	b.		85	d.
50	b,e.		86	c.
51	Nein.		87	Nein.
52	b.		88	a,b,c.
53	c,d,e.		89	a,e,g.
54	Nein.		90	a,d.
55	a,c,f,h.		91	a,b,c,e.
56	b.			
57	d,f.			

5. STRUKTUR UND FUNKTION PFLANZLICHER UND TIERISCHER ORGANE

58	b,d,g,h,i.		1	c.
59	b,d.		2	d.
60	a,d.		3	b.
61	Nein.		4	a.
62	a,b,e.		5	e.
63	b.		6	d.
64	b.		7	a.
65	b,d,e,f.		8	c.
66	Ja.		9	a,d.
67	Nein.		10	c.
68	Nein.		11	d.
69	a,c.		12	c,d.
70	c.		13	c,d.
71	a,e.		14	b,d,f.
72	Nein.		15	a,d,f,g.
73	a,b,c,e,f.		16	a.
74	a,b,e.		17	d.
75	b.		18	c.
76	b,c.		19	c,d,f.
77	a,b,c,d.		20	c.
78	a.		21	a,c,e,g.
79	c.		22	c.
80	Ja.		23	b.
81	c.		24	b.
82	Nein.		25	c,d.
83	Doch.		26	b,e.
84	a,b,e,f.			

27	c.		63	c.
28	c.		64	b.
29	b,c,d.		65	a-e,f;c-f;d-e.
30	a.		66	a,b,c,d.
31	c.		67	c.
32	c.		68	e:a-b;f:a-c;b-c.
33	b.		69	b,c.
34	b.		70	b.
35	a.		71	d,e.
36	c.		72	c,d.
37	c.		73	a,d.
38	b,c,g.		74	c.
39	a,b,c,e.		75	b,c,d,f,g.
40	a.		76	a,d,f.
41	d.		77	d.
42	b,d.		78	b,c.
43	c.		79	a,b,d,e.
44	c.		80	b.
45	c.		81	a,c.
46	c.		82	b,d.
47	a,b,d,e,g.		83	a,c.
48	b,c,d.		84	a.
49	c,d,e,f.		85	a,b,f.
50	-		86	b.
51	a,b,c.		87	a,b.
52	a,c,d.		88	a,b,c;c.
53	a,b.		89	c.
54	d.		90	b.
55	a,b,d.		91	b.
56	c-e-a-b-d.		92	e.
57	c,d,e.		93	c.
58	a,b,c,d.		94	a,b,d.
59	b,c.		95	a,b,d.
60	a,b,e.		96	b.
61	b,c.		97	-
62	a,b.		98	a-d;b-d.

99	c.	135	a,b,e.
100	c.	136	b,d.
101	a.	137	b,c,e.
102	a.	138	a,b,c,d,e.
103	b.	139	b,c,e.
104	b.	140	a,e.
105	a,b,c,e,f.	141	b.
106	b.	142	c.
107	c.	143	c,d,e.
108	a,b,c.	144	c.
109	c.	145	a-h,c-g,d-f.
110	c.	146	c.
111	c.	147	a,b,c.
112	d,e,f,g.	148	a,b,c,d.
113	d.	149	Ja.
114	b.	150	b.
115	b,d,e.	151	a,c,d.
116	c.	152	a,d.
117	c,d.	153	b,e,f.
118	b.	154	c,d,e,f,i,j.
119	c.	155	f,g,h.
120	a,c.	156	c,d.
121	a,b,c,d,e,f,g,h.	157	c,f.
122	Nein.	158	a,b.
123	d.	159	c,f.
124	d.	160	a,b,c.
125	a,b,c.	161	b,c,d,e,f.
126	c,d,e.	162	a,b.
127	b,c,d.	163	Ja.
128	d.	164	a,c,d.
129	c.	165	a,b,c,d,e,f.
130	c-a-b-e-i-h-g-d-f.	166	c,d,e.
131	e.	167	c.
132	a.	168	a,b,c,e,g.
133	a,b,d.	169	d,e.
134	b.	170	a,b,c.

171	c-d-e-b-f-a;e.
172	a,b,c.
173	a,d.
174	b.
175	c,e.
176	Nein.
177	Nein.
178	c,e.
179	f,i.
180	Ja.
181	a,e.
182	b-f;c-g;d-e.
183	c,d.
184	a.

6. STRUKTURELLE UND FUNKTIONELLE INTEGRATION IM GESAMTORGANISMUS

1	a,b,d,e,g.		20	d.
2	c.		21	a,b,c,e,f.
3	c.		22	a-g,b-e,c-d.
4	b.		23	b,d.
5	c.		24	d.
6	a.		25	a-e,b-h,c-f.
7	b,d,f.		26	Nein.
8	a,b,c,f.		27	c.
9	a,c,e,g,h.		28	a,d.
10	d.		29	c.
11	a,b.		30	b,c.
12	a,b.		31	c.
13	a,b,d.		32	a,c.
14	a,b,d,e,f.		33	-
15	a,c,d,e.		34	f.
16	a,d.		35	Nein.
17	a,b,c,d.		36	a.
18	a,c,e.		37	a-h,b-j,c-f,d-h.
19	e.		38	d.
			39	b.
			40	a.
			41	d.
			42	a-e,a-g,b-g.
			43	b,c.
			44	-
			45	b,e.
			46	d.
			47	c.
			48	a.
			49	b,d.
			50	b.
			51	a:alle;b:Na.
			52	a c,d.
			53	c,e,f.
			54	b,c,g,h.
			55	a,b.

56	a,b,c.	92	f,g,h,i,j,k,l,m.
57	a,b.	93	d,e.
58	c.	94	c.
59	c.	95	a,c.
60	a,b,d.	96	b,d,f,i.
61	b,c.	97	b,c,d.
62	d.	98	b,c.
63	b.	99	Nein.
64	c,d,f.	100	Nein.
65	a,c,e.	101	b.
66	b,f.	102	a,c,d,g.
67	c,e.	103	b,c.
68	g.	104	b,d.
69	b,c,f.	105	b,c.
70	b,d,e,f.	106	c.
71	-	107	b.
72	b.	108	c.
73	a,c,e.	109	a,b,c,d.
74	b,c,e.	110	a,b,c.
75	b,d.	111	a,b,c.
76	a,c,d.	112	b,c,d.
77	a,b,c,g.	113	d.
78	b.	114	b,c.
79	f.	115	d.
80	Nein.	116	a,b,c.
81	b,c,d,e.	117	a.
82	c,d,f.	118	a,b,c.
83	b,c,d.	119	b,c,d.
84	b,f.	120	a,b,d.
85	e.	121	d.
86	b.	122	a,b.
87	d.	123	a,c,d.
88	a-g,b-j,c-j,d-h, e-f.	124	-
89	a-e,a-f,b-e.	125	b,c.
90	a,b.	126	e.
91	-	127	a,b,d. Beispiele:a,c.

128	a,b,c,f,g,j,k,l, m,n,o,p,q.	163	c.
129	a,c.	164	c.
130	c.	165	c,d,e,f.
131	a,d.	166	1.
132	–	167	Ja.
133	Ja.	168	c.
134	b,c,d.	169	a,b,c,d.
135	a.	170	Nein.
136	a,c,d,f,g.	171	a,b,d,e.
137	a,c.	172	3.
138	–	173	Nein.
139	a,b,c,d.	174	–
140	a,b,c.	175	d,f.
141	d,e,f.	176	–
142	a,b,c,d,e,h.	177	a,b,c,e,f,g,h.
143	d-b,e-b,f-b,g-c.	178	Nein.
144	a,b,c,e.	179	Ja.
145	a,b,e.	180	a,b,c,d.
146	a,b,c.	181	Nein.
147	d.	182	–
148	c,e,f.	183	a.
149	a,c.	184	d.
150	a,c,e.	185	a,b,c,d,f.
151	I:a,b,c,d,e,f; II:-.	186	Ja.
152	e.	187	Ja.
153	Nein.	188	f,g,h.
154	a,b.	189	a,b.
155	b,c,e.	190	b,c,d.
156	a,c,d,f,h,i.	191	a,b,c,d,e.
157	a,b,d.	192	c.
158	a,b,d,e.	193	b,d,g.
159	a,b,c,e,f,h,i.	194	b,e.
160	a,b,c,d.	195	b,c.
161	c,e.	196	a,b.
162	b,c.	197	c.

<u>7. VERHALTEN</u>

1	d,e.		36	-
2	c,e.		37	b,c,d.
3	Nein.		38	d.
4	a-d,b-e,c-g.		39	a-e,b-e.
5	d.		40	a-f-c-d-e-b-e-g-h.
6	e.		41	a,b,c,d,e.
7	a,c,d,e.		42	b,d.
8	b.		43	Nein.
9	Nein.		44	a,b,c,d.
10	b,d.		45	b,e.
11	e.		46	b,d.
12	b.		47	c.
13	-		48	c.
14	b,d,e.		49	d,e.
15	Ja.		50	c.
16	c,d,e.		51	a,b,c,d,f,g.
17	a,f,g.			
18	c.			

<u>8. ÖKOLOGIE</u>

19	b,d.		1	a.
20	b,f,g.		2	b.
21	d.		3	d.
22	d.		4	a,d.
23	c,d,f.		5	b;c.
24	a,b,c,e.		6	c.
25	b.		7	a.
26	a,c,d,e.		8	a.
27	b,d.		9	b.
28	b,d,e.		10	a,b,c.
29	Ja.		11	c.
30	a,b,c.		12	a.
31	c.		13	a,c,d.
32	b,c.		14	-
33	a,b,c,d,e,f,g,h.		15	c.
34	a,d.		16	c,d.
35	Nein.		17	a,b,d,e.
			18	b,c,d.
			19	d.

20	Ja.	56	f.
21	b.	57	b.
22	b;d,e.	58	a.
23	b.	59	b,c,d.
24	b.	60	c.
25	–	61	a.
26	c,d.	62	a.
27	a,c.	63	a-e,a-j,b-f,b-h,b-k, c-g,c-i,c-n,d-l,d-m.
28	a.	64	c.
29	b,c.	65	c.
30	c,e.	66	a,b,c,d,e,f.
31	c.	67	b-d-a-d.

33   b,c,d.

34   a-g,b-f,c-h,d-e.

9. BIOGEOGRAPHIE

35	c.	1	Nein.
36	c.	2	b.
37	a,b,e.	3	a,c.
38	e.	4	a.
39	d,e.	5	c,d,e,h,i.
40	a,b.	6	b-c,d,e,f,g,h.
41	c.	7	a,b,c,e.
42	c,d.	8	b,c,d.
43	c,f.	9	d.
44	a,c,d,f.	10	a-k,o,r,s,x,jj,nn; b-j,p,q,w,y;c-m,ll; d-t,z,oo;e-i,n,u, hh,mm;f-h,l,v;g-ii, kk.
45	d.	11	a.
46	a,b,d.	12	Ja.
47	c,d.	13	c,d,e,h.
48	c.	14	Nein.
49	a,b,c.	15	c.
50	Ja.	16	a-i,b-g,c-f,d-f, e-f.
51	Nein.	17	Nein.
52	a-e,b-f,c-g.		
53	Nein.		
54	c.		
55	–		

18	a f,k,o;c-g,n; d-i,m.	31	Ja.
19	a-h,k;b-i,m;c-f, n;d-e.	32	b-e.
20	c,e,f.	33	a,b,c,d.
		34	c.
		35	-

10. EVOLUTION

1	a,b,c,d.	36	a,b,c,d,f.
2	b.	37	a,c,e.
3	b,c,d,e.	38	d.
4	a,d,e,f.	39	c.
5	d,e.	40	Ja.
6	b.	41	b,c.
7	a,b,d,e.	42	Ja.
8	a-f;b-g,i,j;c-h.	43	Ja.
9	Nein.	44	a,b,c.
10	Ja.	45	b.
11	a,c,d.	46	b.
12	Ja.	47	b.
13	c.	48	Nein.
14	a-h;b-f;e-g.	49	a,c,d.
15	a-c-b.	50	a,b,c,e.
16	d.	51	a,c.
17	a-d,c-e,b-f.	52	a,b.
18	Nein.	53	a.
19	4mal.	54	a-h,b-e,c-e,d-e.
20	a-h,b-k,c-1,d-1, e-j,f-n,g-o.	55	Ja.
21	a,b,c,d.	56	b,c.
22	a,b,c,f,h.	57	a.
23	b.	58	b.
24	Ja.	59	d.
25	b-c-a.	60	b,c.
26	0.	61	a,b,c,e.
27	1 Gruppe:a,b,c,d,e,f.	62	a,d,e,f.
28	Ja.		
29	a-3,b-23,c-46.		
30	Ja.		

11. SYSTEMATIK

1	b;e.
2	a,c,d.
3	a,b.
4	a,b,c,e,f,g,h,i.
5	Nein.
6	a.
7	c.

11. SYSTEMATIK

1 b;e.
2 a,c,d.
3 a,b.
4 a,b,c,e,f,g,h,i.
5 Nein.

W. Buselmaier

Biologie für Mediziner

Begleittext zum neuen Gegenstandskatalog
Basistext Medizin

4., überarbeitete und ergänzte Auflage. 1979.
114 Abbildungen, 1 Tabelle. XI, 232 Seiten
(Heidelberger Taschenbücher, Band 154)
DM 19,80. ISBN 3-540-09617-5

„Das kleine Büchlein ist ein Meisterstück. Es
verflicht wohl all die vielen in der Literatur
weitverstreuten neuen Erkenntnisse mit dem
bisher Bekannten zu einem knapp und präzis
gehaltenen Basistext von hoher didaktischer
Qualität. Dem Katalog entsprechend betont
es im Rahmen des zu behandelnden Stoffes
die vielen neuen Erkenntnisse im Bereich der
Cytologie, verschafft eine klare Vorstellung
von den Grundlagen der Molekularbiologie
und einen tiefen Einblick in alle Bereiche der
Genetik und der modernen Evolutionslehre."
Berichte Biochemie und Biologie

H. Remmert

Ökologie

Ein Lehrbuch

2., neubearbeitete und erweiterte Auflage.
1980. 189 Abbildungen, 12 Tabellen.
X, 304 Seiten
DM 44,–. ISBN 3-540-09681-7

„Vom Verfasser, einem der bekanntesten
deutschsprachigen Ökologen, konnte man ein
originelles Lehrbuch der Ökologie erwarten.
Und man wird sicher nicht enttäuscht!
Humorvoll und fachkompetent bietet Professor Remmert einen zwar für Studenten ent-
wickelten, aber von jedem wirklich Interessierten ohne weiteres verwertbaren Überblick
über die moderne Ökologie... die Art der Darstellung und die Auswahl der Beispiele sind
wirklich von bestechender Orginalität ..."
Anzeiger Ornitholog. Gesellschaft

H. W. Sauer

Entwicklungsbiologie

Ansätze zu einer Synthese

Mit einem Geleitwort von F. Seidel
Hochschultext
1980. 228 Abbildungen, XVI, 328 Seiten
DM 39,–. ISBN 3-540-10057-1

Dieses Buch enthält wesentliche Experimen-
talergebnisse aus kausaler Embryologie,
Genetik, Molekular-, Zell- und Immunbio-
logie. Unter dem zentralen Aspekt der biologischen Entwicklung werden Entstehung,
Wachstum, Vermehrung und Differenzierung
von Zellen sowie die Bildung von biologischen
Mustern und die Morphogenese an verschie-
densten Organismen dargestellt und kritisch
gewertet.
„Entwicklungsbiologie" ist kein Lehrbuch im
üblichen Sinn. Es will nicht nur Wissen vermit-
teln, sondern zeigt die ganze Breite der ent-
wicklungsbiologischen Forschung auf, und
entwirft – ohne an der Oberfläche zu bleiben –
in einfachen Skizzen ein anschauliches Bild,
das den Leser beschäftigen und anregen soll.
Für den Studenten der Biologie im weitesten
Sinn ein in seiner Vielschichtigkeit, Aktualität
und Verständlichkeit unübertroffenes Buch.

Springer-Verlag
Berlin
Heidelberg
New York

Biophysik

Herausgegeben von: **W. Hoppe · W. Lohmann H. Markl · H. Ziegler**
Mit Beiträgen von zahlreichen Fachwissenschaftlern
2., völlig neubearbeitete Auflage. 1982. 856 Abbildungen. XXIV, 980 Seiten. Gebunden DM 168,–
ISBN 3-540-11335-5

Nach dem Erfolg der 1. Auflage und aufgrund der zahlreichen neuen Erkenntnisse auf dem Gebiet der Biophysik erscheint nun die 2. Auflage in völlig überarbeiteter Form. Informationsfülle, Ergänzungen und neue Abschnitte und Kapitel sowie viele zusätzliche Abbildungen machen die **Biophysik** zu einem unentbehrlichen Text für fortgeschrittene Studenten und Dozenten der Physik, Chemie, Biologie und Medizin. Aber auch jeder an biophysikalischen Fragestellungen interessierte Wissenschaftler wird in der 2. Auflage Vieles finden, das für ein tieferes Verständnis der modernen biophysikalischen Forschung unerläßlich ist.
„Die Herausgeber bezeichnen das Werk, das Beiträge von 52 (!) verschiedenen Autoren enthält als ein Lehrbuch, das 'für den fortgeschrittenen Studenten gedacht (ist), der durchaus kritisch und auswählend lesen soll.' Sicher erfüllt das Buch, von Inhalt, Aufbau und Darstellung her gesehen, auch diese Funktion. Im Grunde ist es aber viel mehr, nämlich eine moderne Darstellung aller Wissensgebiete, die man unter dem Begriff „Biophysik" zusammenfassen kann. Man möchte es als **deutschsprachiges Standardwerk der Biophysik** bezeichnen... Es sollte festgehalten werden, daß es den Herausgebern gelungen ist, **hervorragende und kompetente Wissenschaftler als Autoren** für dieses Buch zu gewinnen. **Die Qualität der Ausstattung des Bandes entspricht dem inhaltlichen Niveau."**
Universitas

Biologie

Ein Lehrbuch

Herausgeber: **G. Czihak, H. Langer, H. Ziegler**
Gemeinschaftlich verfaßt von zahlreichen Fachwissenschaftlern
3., völlig neubearbeitete Auflage. 1981.
1235 zum Teil farbige Abbildungen, 2 Falttafeln.
XXIII, 944 Seiten. Gebunden DM 84,–
ISBN 3-540-09363-X

„... Während es hervorragend gelungen ist, die einheitlichen Grundlagen der Lebenserscheinungen deutlich zu machen, wird die Vielfalt der Lebensformen nur angedeutet. Damit verbinden sich keineswegs Abstriche an der inneren Geschlossenheit und am fachlichen Rang dieses Werkes, **dessen 26 zum großen Teil international bekannte Autoren auch in Bezug auf die didaktische Aufbereitung des Stoffes keine Wünsche offen lassen.** Die Ausstattung des Bandes mit Bildmaterial ist beispielhaft, die Abstimmung der Teile untereinander – schwierig genug! – gelungen. Ein zuverlässiges Sachverzeichnis schließt den Band gut auf und macht ihn auch als Nachschlagewerk geeignet... ...Das Buch eignet sich über seine eigentliche Zweckbestimmung hinaus für alle, die ein zuverlässiges Bild vom Erkenntnisstand der modernen Biologie gewinnen wollen."
Biologische Rundschau

P. von Sengbusch
Molekular- und Zellbiologie

1979. 616 Abbildungen, 68 Tabellen.
XI, 671 Seiten. Gebunden DM 88,–
ISBN 3-540-09454-7

„Das vorliegende Buch stellt ein weiteres Werk in der Reihe der Großformat-Lehrbücher des Springer-Verlages dar und ist bis zu einem gewissen Grad eine Fortsetzung der vom gleichen Autor verfaßten „Einführung in die Allgemeine Biologie". Wie der Autor selbst schreibt, enthält das Buch vorwiegend wichtige Resultate der Molekular- und Zellbiologie der letzten Jahre und richtet sich an fortgeschrittene Studenten und interessierte Kollegen. Dieser Aufgabe wird das Buch in vollem Maße gerecht... **stellt das in bester Springer-Qualität hergestellte Buch** für jeden Studenten der Biologie, Biochemie, aber auch Medizin, sowie für jeden an dem neuesten Stand der Molekular- und Zellbiologie Interessierten **eine Fundgrube an modernem Wissen dar, das in sprachlich verständlicher und didaktisch durchdachter Weise dargeboten wird."**
Biologie in unserer Zeit

Springer-Verlag
Berlin
Heidelberg
New York